A evolução dos vestibulares da UnB 90/96 - QUÍMICA

A evolução dos vestibulares da UnB 90/96

QUÍMICA

CLEOMAN PORTO

Do ensino tradicional ao ensino significativo

Questões operatórias

com correção e resolução

EDITORA UnB

Direitos exclusivos para esta edição:

EDITORA UNIVERSIDADE DE BRASÍLIA
SCS Q. 02 Bloco C Nº 78 Ed. OK 2º andar
70300-500 Brasília–DF
Fax: (061) 225-5611

Impresso no Brasil

Composição
Cleoman Porto
Vicemar Medeiros
Wilson Júnior

Capa
Formatos design e informática

Projeto gráfico e diagramação
Formatos design e informática

Revisão de Texto
Cleoman Porto

Porto, Cleoman
P863 A evolução dos vestibulares da UnB 90/96. : química./ Cleoman Porto. – Brasília : Editora Universidade de Brasília, 1998.
268 p.
ISBN 85-230-0497-1

1. Química - concurso vestibular. 2. Vestibular na UnB
I. Título.
CDU 378.244.3:54(817.4)

Sonhos

"Devemos sonhar, mas com a condição de crer em nosso sonho;
De analisar com atenção a vida real;
De confrontar nossa observação com nosso sonho;
De realizar escrupulosamente nossa fantasia."

Acredite neles!
(Lenine)

Aos meus pais, José Baiano da Silva (*in memorian*) e Raimunda Mercedes Porto e Silva, ao meu querido irmão bebê, José Carlos da Silva Porto (*in memorian*), à Guiomar, esposa, e ao Christophe, meu filho, para que acreditem nesses sonhos.

Sumário

Apresentação 11
Questões dos vestibulares **13**
Química do ambiente/Substâncias e misturas 15
Estrutura Atômica 18
Tabela Periódica 18
Ligações Químicas 18
Teoria Atômico-Molecular 19
Reações Químicas 26
Termoquímica 31
Cálculo Estequiométrico 31
Estrutura Atômica 37
Tabela Periódica 40
Ligações Químicas 48
Oxidação - Redução 53
Funções Inorgânicas 54
Gases 57
Soluções 61
Propriedades Coligativas 66
Cinética Química 67
Termoquímica 69
Eletroquímica 74
Radioatividade 78
Equilíbrio Químico 80
Cálculos Estequiométricos 86
Orgânica - Cadeias Carbônicas 91
Orgânica - Nomenclatura 92
Orgânica - Funções Orgânicas 93
Orgânica – Hidrocarbonetos 101
Orgânica - Reações Orgânicas 104
Questões operatórias **117**
Química do ambiente/Substâncias e misturas 119
Reações Químicas 122
Radioatividade 129
Estrutura Atômica 132
Classificação periódica 134
Ligações Químicas 137
Oxidação - Redução 141
Funções Inorgânicas 142
Gases 145
Soluções 146
Termoquímica 147
Eletroquímica 149
Cálculos Estequiométricos 150
Cinética Química 156
Equilíbrio Químico 157
Orgânica - Funções Orgânicas 164

Orgânica - Isomeria ... 171
Orgânica - Hidrocarbonetos ... 172
Correções e resoluções ... 175
Química do ambiente/Substâncias e misturas ... 177
Estrutura Atômica ... 178
Tabela Periódica ... 178
Ligações Químicas ... 179
Teoria Atômico - Molecular ... 179
Reações Químicas ... 182
Termoquímica ... 184
Cálculo Estequiométrico ... 185
Estrutura Atômica ... 188
Tabela Periódica ... 190
Ligações Químicas ... 194
Oxidação - Redução ... 198
Funções Inorgânicas ... 199
Gases ... 200
Soluções ... 202
Propriedades Coligativas ... 205
Cinética Química ... 206
Termoquímica ... 207
Eletroquímica ... 209
Radioatividade ... 212
Equilíbrio Químico ... 213
Cálculos Estequiométricos ... 217
Orgânica - Cadeias Carbônicas ... 222
Orgânica - Nomenclatura ... 222
Orgânica - Funções Orgânicas ... 223
Orgânica - Hidrocarbonetos ... 227
Orgânica - Reações Químicas ... 229
Correções e resoluções das questões operatórias ... 239
Química do Ambiente/Substâncias e misturas ... 241
Reações Químicas ... 242
Radioatividade ... 245
Estrutura Atômica ... 247
Classificação Periódica ... 248
Ligações Químicas ... 248
Oxidação - Redução ... 250
Funções Inorgânicas ... 250
Gases ... 252
Soluções ... 252
Termoquímica ... 252
Eletroquímica ... 253
Cálculos Estequiométricos ... 253
Cinética Química ... 257
Equilíbrio Químico ... 258
Orgânica - Funções orgânicas ... 262
Orgânica - Isomeria ... 265
Orgânica - Hidrocarbonetos ... 265
Bibliografia Fundamentada ... 267

Apresentação

A UnB, como uma Universidade de referência de Ensino Superior no país, tem se aperfeiçoado e atualizado cada vez mais na elaboração das provas dos vestibulares em consonância com a realidade do dia a dia, no que diz respeito aos fatos políticos, econômicos e sociais. Isto faz com que aqueles que procuram uma vaga na universidade comecem a relacionar toda a teoria assimilada, durante anos de aprendizagem com fatos do cotidiano. Paralelo a essa mudança gradual das provas dos vestibulares, emerge como projeto de selecionar futuros estudantes universitários, de modo gradual e sistemático, o Programa de Avaliação Seriada (PAS).

A implantação do PAS chega no momento em que o ensino médio carece de toda uma completa reformulação para enfrentar os desafios exigidos pela sociedade, estando aí embutida a formação, pelas escolas, de cidadãos críticos, que possibilite a abstração e a generalização das idéias em busca de um melhor desenvolvimento no raciocínio.

Tal iniciativa coloca a UnB na vanguarda pela melhoria qualitativa de uma nova modalidade de acesso ao Ensino Superior em nosso país, e que sem dúvida poderá ser seguida por outras instituições que verdadeiramente desejam melhorias na educação.

Questões dos vestibulares 90/96

Química do ambiente/ Substâncias e misturas

Questão 01

UnB 1/90

Os Elementos químicos sódio (número atômico 11) e enxofre (número atômico 16) estão localizados no mesmo período da tabela periódica (3º período). Com relação a estes dois elementos julgue os itens abaixo.

(0) Os símbolos destes elementos são, respectivamente, Na e S.
(1) O elemento químico enxofre existe na crosta terrestre sob a forma de uma substância simples cujas moléculas apresentam a fórmula S_8.
(2) O sódio existe na crosta terrestre sob a forma de substância simples sódio metálico.
(3) O raio atômico do átomo de sódio é maior que o do enxofre.
(4) A substância simples enxofre é obtida industrialmente a partir do ácido sulfúrico.
(5) O átomo de enxofre pode formar ligações do tipo metálica e iônica.
(6) O átomo de sódio pode formar ligações do tipo metálica e iônica.

Questão 02

UnB 1/90

Julgue os itens a seguir.

(0) O diagrama abaixo registra a mudança de estado de uma substância. Nos trechos **a** e **b** há duas fases em equilíbrio.

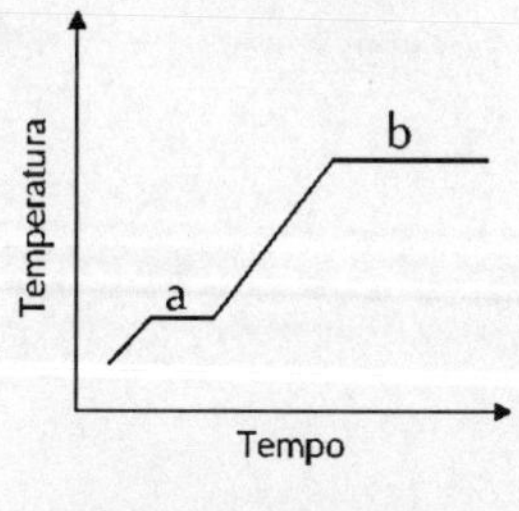

(1) Pelas medidas de pontos de fusão e ebulição, é possível fazer a distinção entre substâncias simples e compostas.
(2) As substâncias SO_3, HI e $AlCl_3$ representam, respectivamente, um óxido básico, um hidreto e um sal.
(3) Na equação: $CaO(s) + 2H_2O(l) \rightarrow A \xrightarrow{2HCl} B + 2H_2O$ **B** corresponde ao cloreto de cálcio.
(4) A equação: $2KClO_3(S) \xrightarrow{\Delta} 2KCl(S) + 3O_2(g)$ representa um processo industrial de obtenção de oxigênio.

Questão 03

Examine as fórmulas representadas a seguir e julgue os itens abaixo.
P_4, S_8, Br_2, $CaBr_2$, Zn, He

(0) O número de substâncias simples representadas é dois.
(1) O número de substâncias compostas representadas é quatro.
(2) O número de substâncias poliatômicas é um.
(3) $CaBr_2$ é uma mistura das substâncias Ca e Br_2.
(4) A fórmula S_8 indica que oito átomos estão ligados, formando uma única molécula.

H																	He
Li	Be											B	C	N	O	F	Ne
Na	Mg											Al	Si	P	S	Cl	Ar
K	Ca	Sc	Ti	V	Cr	Mn	Fe	Co	Ni	Cu	Zn	Ga	Ge	As	Se	Br	Kr
Rb	Sr	Y	Zr	Nb	Mo	Tc	Ru	Rh	Pd	Ag	Cd	In	Sn	Sb	Te	I	Xe
Cs	Ba	La	Hf	Ta	W	Re	Os	Ir	Pt	Au	Hg	Tl	Pb	Bi	Po	At	Rn
Fr	Ra	Ac	Unq	Uno	Unn												

Ce	Pr	Nd	Pm	Sm	Eu	Gd	Tb	Dy	Ho	Er	Tm	Yb	Lu
Th	Pa	U	Np	Pu	Am	Cm	Bk	Cf	Es	Fm	Md	No	Lr

Questão 04

UnB 2/90

As dez substâncias de maior produção industrial no mundo são:

Classificação	Produto
01º lugar	ácido sulfúrico
02º lugar	CaO
03º lugar	amônia
04º lugar	oxigênio
05º lugar	etileno (eteno)
06º lugar	nitrogênio
07º lugar	cloro
08º lugar	hidróxido de sódio
09º lugar	Na_2CO_3
10º lugar	ácido fosfórico

Julgue os itens abaixo.

(0) As fórmulas dos ácidos sulfúrico e fosfórico são, respectivamente, H_2SO_4 e H_3PO_4.
(1) O nome da substância CaO é peróxido de cálcio.
(2) O nome da substância Na_2CO_3 é bicarbonato de sódio.
(3) A fórmula da amônia é NH_3.
(4) As substâncias simples oxigênio e cloro são monoatômicas.

Com o auxílio das informações contidas no texto abaixo, extraído de uma revista de circulação nacional, e da tabela periódica, situada na página anterior, responda às questões de 5 a 9.

Os freons são gases sintéticos, isto é, inexistentes na natureza antes de o homem inventá-los. São substâncias compostas, constituídas de carbono, cloro e flúor (clorofluorcarbonetos), de amplo emprego industrial. Os freons são quimicamente inertes, pois não são inflamáveis, não oxidam materiais, não são explosivos nem tóxicos.

Questão 05

UnB 2/96

Quanto à composição química, aos processos de obtenção e às propriedades dos freons, julgue os itens a seguir.

(0) Os freons são misturas de três substâncias simples.
(1) Os freons podem ser removidos da atmosfera por meio da decantação.
(2) Por serem gases sintéticos, conclui-se que os freons foram obtidos por processos físicos.
(3) Sob baixa pressão e alta temperatura, os freons podem ser armazenados no estado líquido.

Estrutura Atômica

Questão 06 UnB 2/96

A respeito da estrutura atômica dos constituintes dos freons, julgue os itens que se seguem.

(0) Nos freons, os átomos de cloro são isótopos dos átomos de flúor.
(1) Os prótons de um dos átomos de carbono da molécula de freon ocupam uma região do espaço muito menor do que a sua eletrosfera.
(2) Nos freons, todos os elétrons possuem a mesma quantidade de energia.

Tabela Periódica

Questão 07 UnB 2/96

Com relação aos elementos constituintes dos freons, julgue os itens seguintes.

(0) Os elementos químicos constituintes dos freons formam substâncias simples que são maleáveis e dúcteis, sendo, também, boas condutoras de eletricidade e de calor.
(1) Os elementos cloro e flúor pertencem ao mesmo período da classificação periódica.
(2) No estado fundamental, os átomos de carbono e de flúor têm o mesmo número de níveis eletrônicos.
(3) O átomo de flúor é mais eletronegativo do que os átomos de carbono e de cloro.

Ligações Químicas

Questão 08 UnB 2/96

A respeito das interações dos átomos constituintes das moléculas dos freons, julgue os itens abaixo.

(0) Segundo a regra do octeto, o cloro não pode fazer ligação covalente dupla, enquanto o carbono pode fazer até duas ligações covalentes duplas.
(1) Os freons apresentam ligações intermoleculares muito fortes.
(2) As ligações químicas nos freons são iônicas.
(3) A fórmula química abaixo, de um tipo de freon, permite concluir que existem 8 elétrons pertencendo à eletrosfera de mais de um átomo.

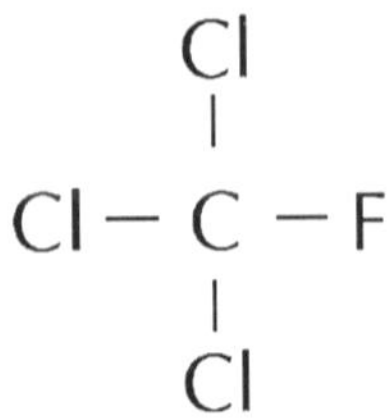

Questão 09

UnB 2/96

Nos últimos anos, tem-se observado uma considerável diminuição da camada de ozônio na atmosfera. Segundo alguns cientistas, o crescente aumento da incidência de câncer de pele pode estar relacionado à destruição da camada de ozônio na estratosfera, pela ação dos clorofluorcarbonetos (CFCs). Isso ocorre por meio de uma sucessão de processos químicos, cuja fase final é representada a seguir:

etapa I:	$Cl + O_3 \rightarrow ClO + O_2$
etapaII:	$ClO + O \rightarrow Cl + O_2$
equação global:	$O + O_3 \rightarrow 2O_2$

Analisando as equações acima e considerando a constante de Avogadro igual a 6×10^{23} mol^{-1}, julgue os seguintes itens.

(0) Pela equação global, verifica-se que, a partir de um mol de moléculas de ozônio, obtém-se 12×10^{23} moléculas de gás oxigênio.

(1) Segundo a equação global, conclui-se que, a partir de 48g de ozônio, são obtidos 64g de oxigênio.

(2) Segundo a **teoria das colisões**, todos os choques entre os átomos de cloro e as moléculas de ozônio levam à formação de ClO e O_2.

(3) A etapa determinante do processo representado acima será aquela que possui maior energia de ativação.

Questão 10

UnB 2/96

O hidrogênio é o elemento químico mais abundante do universo. No planeta Terra, ele é terceiro de maior ocorrência (depois do oxigênio e do silício). No entanto, como substância simples, ele representa apenas 0,81%, em volume, da atmosfera.
Com o auxílio dessas informações, Julgue os itens que se seguem.

(0) A fórmula da substância simples hidrogênio é H_2.

(1) O elemento químico hidrogênio pode formar compostos iônicos e covalentes.

(2) ${}^{1}_{1}\mathbf{X}$, ${}^{2}_{1}\mathbf{Y}$ e ${}^{3}_{1}\mathbf{Z}$ são nuclídeos do elemento químico hidrogênio.

(3) O número 0,81% em volume significa que, em 1L de ar atmosférico, existem 810 mL de hidrogênio.

Questão 11

UnB 2/94

Julgue os itens abaixo.

(0) A sifonação pode ser utilizada para retirar combustível de um carro.
(1) O princípio da destilação fracionada fundamenta-se na diferença de solubilidade dos sólidos de uma mistura.
(2) O aquecimento pode ser utilizado para separar uma mistura de ferro e enxofre, ambos em pó.
(3) Uma substância, qualquer que seja a sua origem, apresenta a mesma composição em massa.
(4) Uma substância sempre constituirá um sistema monofásico.

Questão 12

UnB 2/93

Considere quantidades iguais de água nos três estados físicos (s = sólido, l = líquido, g = gasoso) relacionados no esquema a seguir.

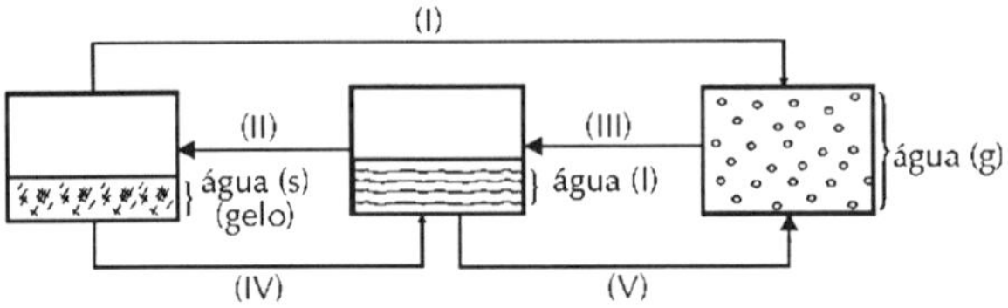

Julgue os itens.

(0) O processo I é denominado condensação.
(1) O processo II envolve absorção de energia.
(2) O processo III é acompanhado de uma diminuição de densidade.
(3) O processo IV é denominado vaporização.
(4) Um aumento de pressão sob temperatura constante provocaria igual decréscimo de volume nas amostras de água líquida e gasosa.
(5) O vapor d'água está em estado menos energético do que a água líquida e sólida.

Questão 13

UnB 1/94

Analise o gráfico abaixo, correspondente à curva de aquecimento de um material, no qual estão representadas diferentes fases (s = sólido, l = líquido e v = vapor) e julgue os itens seguintes.

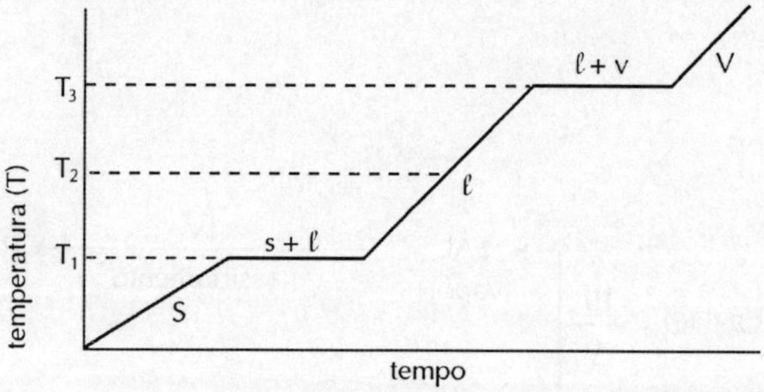

(0) T_2 corresponde ao ponto de ebulição do material.
(1) Se, no estado líquido, esse material fosse resfriado, solidificar-se-á à temperatura T_1.
(2) A temperatura referente ao patamar l + v será elevada, com o aumento da pressão atmosférica.
(3) Segundo o gráfico, o material é constituído por uma mistura de três substâncias.

Questão 14

UnB 2/93

Analise o fluxograma abaixo.

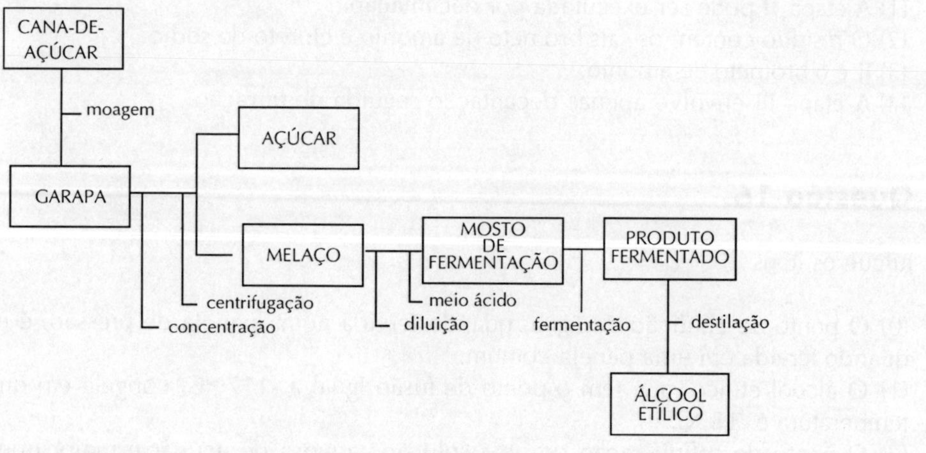

Julgue os itens.

(0) Moagem, concentração e centrifugação são processos físicos.
(1) A fermentação é uma transformação química.
(2) Na destilação, a garapa é transformada em álcool etílico.
(3) A fermentação é feita em meio com pH > 7.
(4) A fórmula mínima do etanol é C_2H_5O.

Questão 15

UnB 1/93

Uma certa amostra de água (A) contém os seguintes sais: cloreto de prata (AgCl, substância insolúvel em água), brometo de amônio (NH_4Br) e cloreto de sódio (NaCl). O esquema abaixo mostra as etapas (I, II, III e IV) que permitiram a recuperação do AgCl, NH_4Br e NaCl, sob pressão de 1 atm.

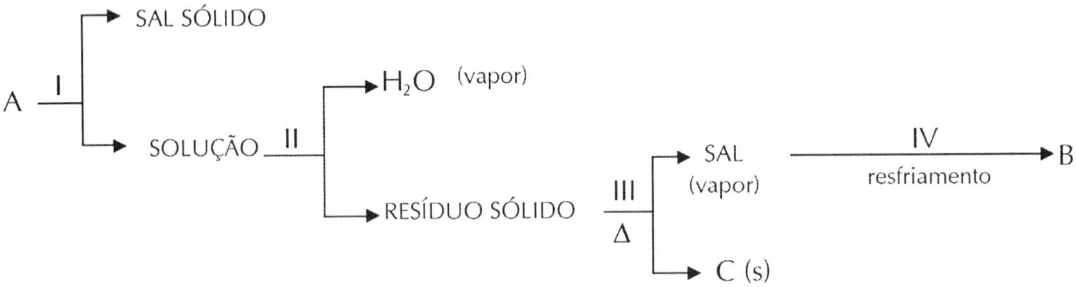

Dados:
Sob pressão de 1 atm,
Ponto de fusão do NaCl = 801 °C
Ponto de sublimação do NH_4Br = 452 °C
Ponto de fusão do AgCl = 455 °C.

Com base nestas informações, julgue os itens.

(0) a etapa **I** pode ser executada através de uma filtração.
(1) A etapa **II** pode ser executada por decantação.
(2) O resíduo contém os sais brometo de amônio e cloreto de sódio.
(3) **B** é o brometo de amônio.
(4) **A** etapa III envolve apenas decantação seguida de filtração.

Questão 16

UnB 1/93

Julgue os itens.

(0) O ponto de ebulição da água, quando fervida numa panela de pressão, é menor do que quando fervida em uma panela comum.
(1) O álcool etílico, que tem o ponto de fusão igual a -117 °C, congela em um freezer cuja temperatura é -18 °C.
(2) O ponto de solidificação de uma solução aquosa de açúcar é maior que o ponto de solidificação da água pura.
(3) O leite ferve a uma temperatura superior ao ponto de ebulição da água.
(4) O óleo de soja é mais denso do que a água.

Questão 17

UnB 1/92

A Tabela abaixo apresenta os pontos de fusão das substâncias simples flúor, cloro, bromo e iodo.

Substâncias	Ponto de fusão /°C	Ponto de ebulição /°C
Flúor	-219,6	-188,1
Cloro	-101,0	-34,6
Bromo	- 7,2	58,8
Iodo	113,5	184,4

Julgue os itens seguintes.

(0) Aumentando-se a pressão haverá um aumento na temperatura de ebulição do flúor.
(1) O bromo é uma substância mais volátil que o cloro.
(2) A 25 °C, as forças de interação intermoleculares do bromo são mais fortes que as do iodo.
(3) A 25 °C, o bromo é um líquido.
(4) A 150 °C, o iodo é um líquido.

Questão 18

UnB 1/92

Os diagramas representam modelos de substâncias simples, compostos e/ou misturas. As esferas – claras, escuras, listradas, etc., ou de tamanhos variados – representam átomos diferentes. Esferas em contato representam átomos ligados quimicamente.

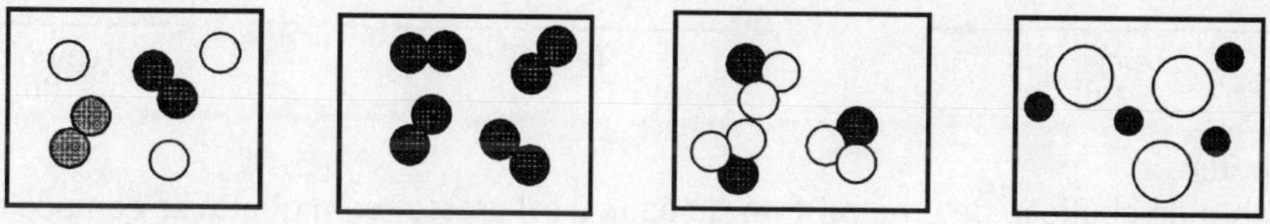

a b c d

Julgue os itens seguintes.

(0) A figura **a** mostra uma mistura de substâncias simples.
(1) A figura **b** pode representar uma amostra de monóxido de carbono.
(2) A figura **c** representa uma amostra de substância composta.
(3) A figura **d** pode representar uma amostra de cloreto de hidrogênio.
(4) A substância representada em **b** deve estar no estado sólido.

Questão 19

UnB 2/92

Julgue os itens abaixo indicando na coluna I (CERTOS) aqueles que se referem a propriedades químicas de substâncias e na coluna II (ERRADOS) aqueles que se referem a propriedades físicas de substâncias.

(0) A glicose é um sólido branco.
(1) O etanol entra em ebulição a 78,5 °C.
(2) O éter etílico é altamente inflamável.
(3) O sódio metálico é um sólido mole e de baixo ponto de fusão.
(4) O metabolismo do açúcar no corpo humano leva à produção de dióxido de carbono e água.

Questão 20

UnB 2/93

Os gráficos esboçados abaixo mostram a variação da temperatura com o tempo durante o aquecimento: da água pura, até a ebulição (gráfico I): de uma mistura de água e sal grosso (gráfico II); de uma substância pura qualquer, até as mudanças de fase (gráfico III).

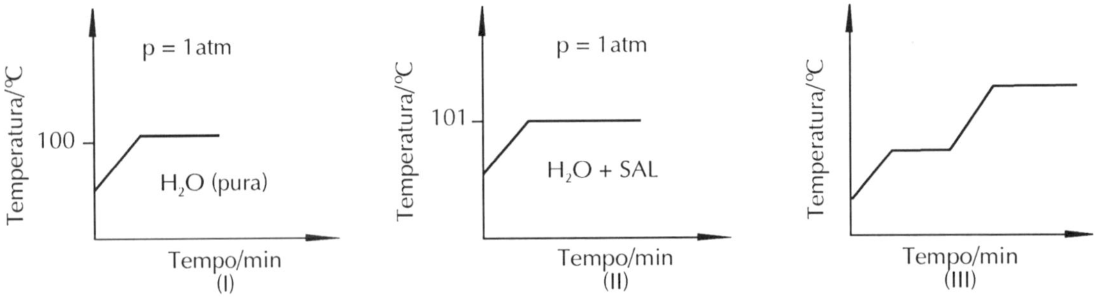

Julgue os itens.

(0) O ponto de ebulição de uma mistura de água e sal grosso, com qualquer composição, sob pressão de 1 atm, será sempre 101 °C.
(1) O patamar obtido para amostras de água pura, de diferentes procedências e em diferentes quantidades, sob pressão de 1atm, corresponderá a 100 °C.
(2) No gráfico III, em cada patamar há duas fases em equilíbrio.
(3) A densidade e o ponto de fusão são propriedades físicas utilizadas na identificação de substâncias.
(4) Durante a ebulição da água pura ocorre o processo:

$$H_2O\ (L) \rightarrow H_2\ (g) + 1/2O_2\ (g)$$

Questão 21

UnB 1/91

Uma amostra de cloreto de prata (substância insolúvel em água) está contaminada com cloreto de sódio (p.f 801 °C) e brometo de amônio (substância que se sublima a 452 °C).
O diagrama abaixo representa as etapas que permitiram a purificação do cloreto de prata e a recuperação das impurezas.

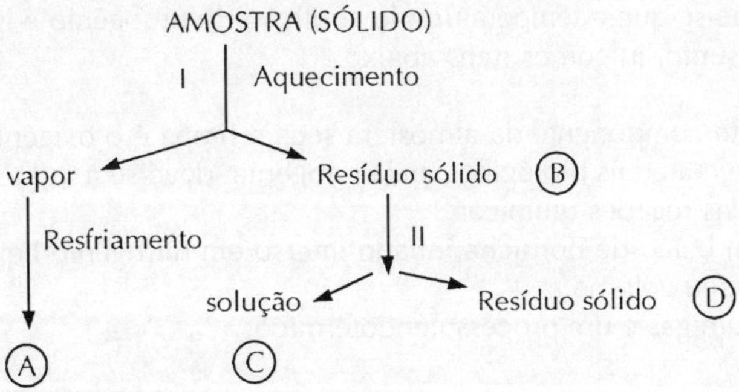

A partir das informações, julgue os itens.

(0) **A** é um líquido.
(1) O resíduo **B** contém dois tipos de cloreto.
(2) A etapa II envolveu adição de água seguida de filtração.
(3) A solução **C** é eletrolítica.
(4) A destilação de **C** fornece, como resíduo sólido, o cloreto de prata.

Questão 22

UnB 2/92

Após uma aula sobre propriedades físicas da matéria, um professor de química entregou para um de seus alunos dois recipientes, **A** e **B** (mostrados abaixo), fechados, sem rótulos (sem identificação), contendo um recipiente apenas água líquida e outro benzeno líquido, ambos puros e incolores. Para identificar as substâncias sem abrir os recipientes, o aluno colocou os recipientes num banho de gelo, e após certo tempo notou que no recipiente **A** existe uma fase sólida na superfície e no recipiente **B** observou a presença de fase sólida no fundo (vide figura).

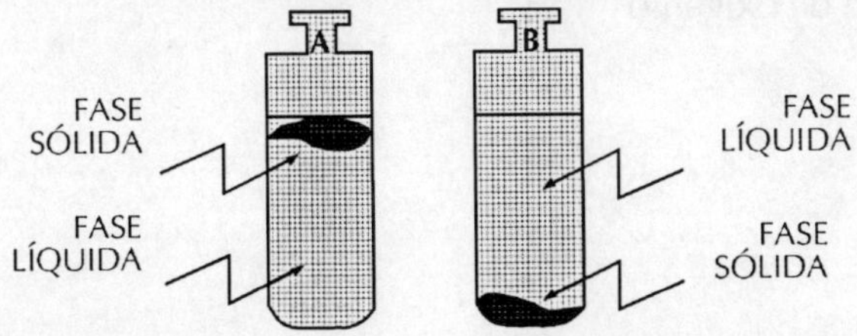

SUBSTÂNCIA	DENSIDADE
Água	1,0 g/cm³ a 0 °C
Gelo	0,92 g/cm³ a 0 °C
Benzeno Líquido	0,90 g/cm³ a 5 °C
Benzeno Sólido	1,0 g/cm³ a 5 °C

Julgue os itens.

(0) O recipiente **A** contém água.
(1) A fase sólida de qualquer substância tem densidade maior que a sua fase líquida.
(2) O aluno não usou nenhum dado de propriedade física para ajudá-lo na identificação das substâncias contidas nos recipientes **A** e **B.**
(3) Benzeno e água são imiscíveis porque têm densidades diferentes.

Questão 23

UnB 1/96

Os gases da atmosfera têm papel importante como matéria-prima para indústrias. O ar fornece seis gases de uso industrial: nitrogênio, oxigênio, neônio, argônio, criptônio e xenônio. Uma importante aplicação industrial é a produção e utilização de frio muito intenso na faixa de temperatura abaixo de -100 °C, sendo essa área tecnológica conhecida como **criogenia.** O nitrogênio líquido, por exemplo, é utilizado na preservação de materiais biológicos, como sangue e sêmen. Sabe-se que a temperatura de ebulição do nitrogênio é igual a -195,8 °C.
Em relação a esse assunto, julgue os itens abaixo:

(0) O mais abundante componente da atmosfera seca e limpa é o oxigênio.
(1) A conservação de materiais biológicos, pela criogenia, deve-se à influência da temperatura sobre a velocidade das reações químicas.
(2) Ao se colocar um balão de borracha inflado imerso em nitrogênio líquido, observa-se um aumento drástico de seu volume.
(3) A liquefação de um gás é um processo endotérmico.

Reações Químicas

Questão 24

UnB 1/90

A água é uma substância de importância fundamental na natureza.
Julgue como **CERTOS** os itens que descrevem propriedades da água e como **ERRADOS** os que não o fazem.

(0) É um bom solvente para a grande maioria das substâncias orgânicas.
(1) Nas plantas, combina-se com o CO_2 para formar os constituintes vegetais.
(2) Apresenta densidade maior no estado sólido de que no estado líquido.
(3) Decompõe-se, pela eletrólise, dando origem a volumes iguais nos eletrodos.
(4) Durante a sua ebulição ocorre o processo: $H_2O(l) \rightarrow H_2(g) + 0,5O_2(g)$.
(5) Apresenta ponto de ebulição muito alto em relação às substâncias de massas molares semelhantes.
(6) O oxigênio de suas moléculas é utilizado na respiração dos peixes.
(7) Na sua molécula existe a relação: $\frac{\text{massa de hidrogênio}}{\text{massa de oxigênio}} = \frac{2}{1}$

Questão 25 UnB 2/90

Muitos sais de sódio são utilizados como matéria-prima para a indústria. Um exemplo é o sal de Glauber, usado na fabricação de vidros, na composição de detergentes domésticos, etc. Esse sal é obtido industrialmente a partir do cloreto de sódio, segundo a equação (não-balanceada):

$$NaCl(aq) + SO_2(g) + H_2O(l) + O_2(g) \rightarrow Na_2SO_4(aq) + HCl(aq)$$

Julgue os itens abaixo.

(0) Quando a equação estiver corretamente balanceada, a soma dos coeficientes pode ser 8.
(1) O nome oficial do sal de Glauber é sulfito de sódio.
(2) Uma das substâncias reagentes é o óxido de enxofre (II).
(3) O sal de Glauber também pode ser obtido pela reação do ácido sulfúrico com o hidróxido de sódio.
(4) O sal de Glauber é um composto iônico.

Questão 26 UnB 1/95

O nitrato de potássio (KNO_3) é muito usado como adubo, pois o potássio e o nitrogênio favorecem, respectivamente, a floração e o crescimento das folhas. Assim como o cloreto de potássio (KCl) e o nitrato de sódio ($NaNO_3$), o nitrato de potássio é solúvel em água. Julgue os itens abaixo.

[Z(K) = 19; Z(N) = 7; Z(O) = 8; Z(Cl) = 17; Z(Na) = 11]
(0) Quando soluções de KNO_3 e NaCl são misturadas, observa-se a reação apresentada abaixo:
$KNO_3\ (aq) + NaCl\ (aq) \rightarrow NaNO_3\ (s) + KCl\ (aq)$.
(1) O potássio é um metal.
(2) A ligação entre nitrogênio e oxigênio é classificada como covalente apolar.
(3) Sódio e potássio são encontrados em cinzas de plantas (alcális).
(4) Comparando os raios de um átomo neutro de potássio e de seu íon, observa-se que o átomo é menor que seu respectivo íon.

Questão 27

UnB 1/95

Ao realizar um experimento no laboratório de sua escola, um estudante anotou o seguinte:

I - Observou-se, no aquecimento de uma substância (sólido vermelho), a formação de um líquido prateado e de um gás incolor.
II - Observou-se que a água oxigenada, após estar guardada por algum tempo, não mais produzia efervescência ao entrar em contato com um ferimento aberto.
III - Observou-se a diminuição de tamanho de "bolinhas" de naftalina expostas por alguns dias sobre a bancada do laboratório.
IV - Observou-se, ao se aquecer uma porção de açúcar, a formação de um sólido castanho escuro e a mudança de odor.
V - Observou-se a diminuição no volume de álcool contido em um frasco que foi deixado aberto.

Com base nas anotações acima, julgue os itens que se seguem.

(0) Das transformações observadas pelo estudante, apenas três podem ser consideradas químicas.
(1) O estudante pode classificar o sólido vermelho, citado na anotação I, como substância composta.
(2) As transformações são denominadas **químicas** quando são irreversíveis.
(3) As transformações anotadas em III e V são denominadas, respectivamente, **fusão** e **ebulição.**

Questão 28

UnB 2/96

Para que seus alunos estudassem alguns fenômenos elétricos, certo professor propôs a realização, em laboratório, de experimento para a observação da capacidade de condução de corrente elétrica de diferentes materiais. A respeito do experimento, um estudante fez as seguintes anotações.

I - Após montar o aparelho denominado **eletrolizador,** testei a capacidade de combustão de corrente elétrica de vários materiais existentes no laboratório.
II - Impressionou-me o fato de encostar os pólos do aparelho nas extremidades de um lápis e constatar que o grafite (carbono) conduz eletricidade, pois a lâmpada do aparelho acendeu.
III - Outro fato que me impressionou foi constatar que, ao testar a passagem de corrente por fios de palha de aço fina, ocorria o superaquecimento dos fios, que ficavam incandescentes até pegarem fogo.
IV - Um teste adicional foi sugerido pelo professor: observei a deposição de ferro metálico sobre um pedaço de cobre, provocada pelo fornecimento de energia elétrica.
Com o auxílio das informações contidas no relato, julgue os itens a seguir.
(0) A anotação **II** mostra que o carbono é um metal, confirmando a informação da tabela periódica.
(1) O superaquecimento dos fios da palha de aço ocorreu devido à sua resistência à passagem de corrente elétrica.
(2) Quando os fios da palha de aço "pegaram fogo", houve uma reação de combustão do ferro com o oxigênio do ar.
(3) No teste citado na anotação **IV**, houve eletrodeposição, com redução de íons de ferro.

Questão 29

UnB 2/96

Entre os poluentes da atmosfera, pode-se encontrar, em quantidades muito pequenas, a amônia. Ela se origina da fermentação de materiais orgânicos, de algumas atividades industriais (como a obtenção de fertilizantes) e de certas regiões rurais, pela ação de microorganismos em fertilizantes (como uréia e os sais de amônio).
Com relação ao assunto do texto, julgue os itens abaixo.

(0) $(NH_4)_2SO_4$ é um exemplo de sal de amônio.
(1) A grande importância da síntese industrial da amônia está na produção dos freons.
(2) Óxidos de enxofre e de nitrogênio, bem como aldeídos e ozônio, são exemplos de outros poluentes de atmosferas urbanas.

Questão 30

UnB 2/95

A escolha de solventes na indústria depende de suas propriedades físicas, as quais estão correlacionadas com a natureza das interações intermoleculares dos seus constituintes. Com relação a tais informações julgue os itens que se seguem.

(0) Os constituintes das essências dos perfumes são, em geral, dissolvidos em álcoois que são compostos polares; trata-se, portanto, de substâncias apolares.
(1) As substâncias gordurosas são, geralmente, apolares e são removidas pelos detergentes, por meio da interação da extremidade iônica de suas estruturas com as gorduras.
(2) Os álcoois, os ácidos carboxílicos e as aminas apresentam interações do tipo ponte de hidrogênio, logo são solúveis em hidrocarbonetos.
(3) A previsão da polaridade das substâncias é feita por meio da geometria de suas moléculas e da diferença de eletronegatividade entre os átomos ligantes.

Leia o texto a seguir para responder às questões 31 a 33

Um estudante, ao realizar uma pesquisa bibliográfica a respeito da atmosfera, fez as seguintes transcrições.

I - Entre os poluentes da atmosfera encontra-se o metano (um gás, à temperatura ambiente), o qual é um importante componente do efeito estufa.

II - O diagrama abaixo representa esquematicamente as variações de energia na combustão do metano – um poluente atmosférico.

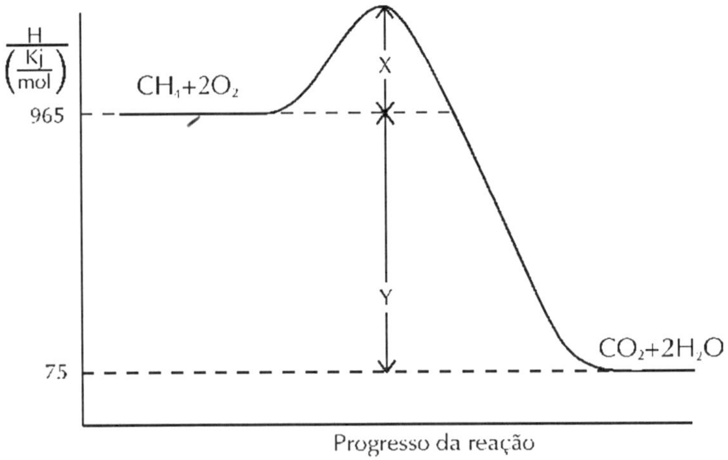

A equação que descreve o fenômeno é

$CH_4(g) + 2O_2(g) \rightarrow CO_2(g) + 2H_2O(g)$

III - No laboratório, o metano pode ser obtido por um processo representado pela seguinte equação não-balanceada.

$CHCl_3(l) + Zn(s) + H_2O(l) \rightarrow CH_4(g) + Zn(OH)Cl(aq)$

Questão 31

UnB 2/96

Com auxílio das informações contidas no texto, julgue os itens que se seguem.

(0) Uma das conseqüências do efeito estufa é o resfriamento das camadas superiores da atmosfera.
(1) A temperatura de ebulição do metano é inferior à temperatura ambiente.
(2) A reação de combustão incompleta do metano produz monóxido de carbono.
(3) Uma das principais fontes naturais de metano é a fotossíntese, conforme mostra a equação abaixo.
$CO_2(g) + 2H_2O(l) \rightarrow CH_4(g) + 2O_2(g)$

Termoquímica

Questão 32

UnB 2/96

Analise o diagrama transcrito pelo estudante, no registro **II**, e julgue os itens abaixo.

(0) Y representa a variação de entalpia da reação, que é igual a -890Kj/mol.
(1) (X + Y) representa a energia de ativação para a reação:

$$CO_2(g) + 2H_2O(g) \longrightarrow CH_4(g) + 2O_2(g)$$

(2) A reação de combustão do metano é exotérmica.

Cálculo Estequiométrico

Questão 33

UnB 2/96

Utilizando o processo descrito no registro **III** do texto anterior, para obtenção do metano, calcule, **em gramas**, a massa de metano formada a partir de 196,2g de zinco. Para isso, considere os dados abaixo e despreze a parte fracionária do seu resultado, caso exista.

M(Zn) = 65,4 g/mol
M(C) = 12,0 g/mol
M(Cl) = 35,5 g/mol
M(H) = 1,0 g/mol

Questão 34

UnB 1/92

Analise as reações abaixo e julgue os itens:

I - $C_2H_6O + 3O_2 \rightarrow 2CO_2 + 3H_2O$
II - $C_2H_6O + 2O_2 \rightarrow 2CO + 3H_2O$
III - $C_8H_{18} + 25/2\ O_2 \rightarrow 8CO_2 + 9H_2O$
IV - $C_8H_{18} + 17/2\ O_2 \rightarrow 8CO + 9H_2O$

(0) Os processos I a IV representam reações de oxidação.
(1) O processo I representa a combustão incompleta do etanol.
(2) No processo III há maior liberação de energia do que no IV.
(3) A combustão incompleta de 1 mol de octano puro é mais poluidora do que a de 1 mol de etanol puro.

Questão 35

UnB 2/92

O ácido clorídrico aquoso, HCl(aq), pode reagir com as substâncias: NaOH(aq), Zn(s) e $CaCO_3$(s). Ou seja. (HC/(aq) + substância → ?)

Julgue os itens:

(0) As reações acima podem ser utilizadas para preparar sais.
(1) Na reação HCl(aq) + NaOH (aq) ocorre formação de um precipitado (suponha as soluções de HC/(aq) e NaOH/(aq) bastante diluídas).
(2) Tanto na reação do HCl (aq) com $CaCO_3$ (s); como com Zn (s), existe formação de um mesmo produto gasoso.
(3) Um dos produtos da reação HCl (aq) + $CaCO_3$ (s) é o cloreto de cálcio.

Questão 36

UnB 2/92

A reação química que ocorre no interior de um bulbo (sistema fechado) utilizado em certos flashes de máquinas fotográficas é uma reação de óxido-redução. Esta reação envolve uma certa quantidade de magnésio metálico e de oxigênio. Por meio de um dispositivo elétrico, provoca-se a reação metal com o oxigênio. Use estas informações e julgue os itens:

(0) O Produto da reação é o óxido de magnésio.
(1) Uma possível soma dos coeficientes da equação química balanceada é 6.
(2) O magnésio metálico é o agente redutor da reação.
(3) O número de átomos dentro do bulbo varia.
(4) O óxido de magnésio é um composto iônico.

Questão 37

UnB 1/93

O pH padrão da água da chuva em áreas não-poluídas é 5,6. Chuvas com pH abaixo desse valor são denominadas chuvas ácidas e causam sérios problemas ambientais. Sobre esse assunto. Julgue os itens:

(0) As chuvas ácidas destroem monumentos, florestas e causam a mortalidade de peixes.
(1) O dióxido de enxofre proveniente das caldeiras e fornos das indústrias é um dos principais responsáveis pelas chuvas ácidas.
(2) Água de chuva em áreas não-poluídas é mais ácida do que água pura.
(3) A água da chuva que apresenta concentração de H_3O^+ igual a 10^{-2}M não é considerada chuva ácida.
(4) A concentração de dióxido de carbono na atmosfera não influi no pH da chuva.

Questão 38

UnB 2/94

A água oxigenada (H_2O_2), quando aplicada sobre ferimentos externos (abertos), pode produzir uma reação efervescente graças à ação enzimática de uma peroxidase presente no sangue. Esta enzima promove a decomposição da água oxigenada, liberando o gás oxigênio (O_2), e provoca o fenômeno de efervescência, típico desses casos. Julgue os itens abaixo.

(0) A reação acima citada pode ser representada da seguinte forma:

$$2H_2O_2\,(l) \rightarrow 2H_2O\,(l) + O_2\,(g).$$

(1) Na presença de peroxidase, a decomposição da água oxigenada é retardada.
(2) A água oxigenada pode ser obtida por meio da reação de peróxido de sódio e ácido clorídrico.
(3) A água oxigenada apresenta ligações do tipo polar e apolar.

Questão 39

UnB 2/91

Durante as tempestades, descargas elétricas provocam a transformação de nitrogênio atmosférico em ácido nítrico, segundo as seguintes equações (que podem ou não estar balanceadas):

A) Oxigênio + Nitrogênio $\xrightarrow[\text{elétrica}]{\text{descarga}}$ NO(g).

B) NO(g) + Oxigênio → NO_2 (g).
C) NO_2 (g) + H_2O (l) → Ácido Nítrico.

Julgue os itens.

(0) Oxigênio e nitrogênio são substâncias simples diatômicas.
(1) A fórmula do ácido nítrico é HNO_2.
(2) A reação A é uma reação de oxi-redução.
(3) Devido à presença de substâncias ácidas na atmosfera, a água da chuva tem pH diferente de 7.

Questão 40

UnB 2/91

Os calcários, rochas constituídas principalmente por carbonato de cálcio, são freqüentemente utilizados como corretores da acidez do solo. Julgue os itens.

(0) A equação química que descreve a ação do calcário na correção da acidez do solo é:

$$CaCO_3(s) + 2H^+(aq) \rightarrow Ca^{+2}(aq) + H_2O\,(l) + CO_2(g).$$

(1) O carbonato de cálcio pode ser obtido através da reação

$$Ca(OH)_2(aq) + CO_2(g) \rightarrow CaCO_3(s) + H_2O(l).$$

(2) O carbonato de cálcio é um composto covalente.
(3) Solos básicos, quando dispersados em água, apresentam pH maior que 7.

Questão 41

UnB 1/91

O ácido clorídrico pode reagir com diferentes substâncias como indicado abaixo (reações a → e):

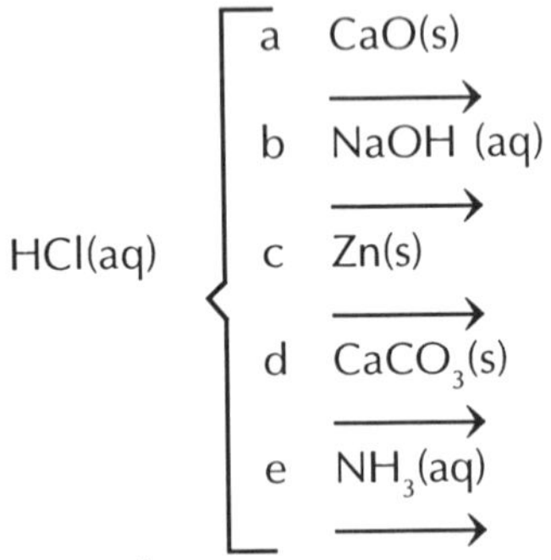

Julgue os itens.

(0) Um dos produtos da reação **a** é hidróxido de cálcio.
(1) Em **b** ocorre formação de um precipitado.
(2) Tanto em **c** quanto em **d** há formação de um mesmo produto gasoso.
(3) As reações apresentadas podem ser usadas para preparar sais.
(4) A decomposição térmica de $CaCO_3$ é um processo industrial de obtenção de CaO(s) e CO_2(g).

Questão 42

UnB 1/91

Com base no esquema de reação:

Enxofre $\xrightarrow{\mathbf{A}}$ Dióxido de Enxofre $\xrightarrow[\text{Cat}]{O_2}$ Gás **B**

$\xrightarrow{H_2O}$ Ácido **C** $\xrightarrow{\text{Al}}$ **D**(aq) + **E**(g)

F ↓ $BaCl_2$ (aq)

Precipitado **G** + H^+(aq)

Julgue os itens :

(0) A reação **A** corresponde à queima do enxofre.
(1) A fórmula de **B** é S_2O_6.
(2) O ácido **C** é o H_2SO_3.
(3) **D** é o sulfato de alumínio.
(4) **E** é o H_2S.
(5) A reação **F** é: $H_2SO_4(aq) + BaCl_2(aq) \rightarrow BaSO_4(s) + 2HCl(aq)$.

Questão 43

UnB 1/92

O carbonato de sódio é usado em grande escala na fabricação do vidro, no tratamento de águas e na neutralização de soluções ácidas. O diagrama indica uma das etapas da obtenção do carbonato de sódio a partir do aquecimento do hidrogeno – carbonato de sódio.

Dados:

$M(NaHCO_3) = 84$ g/mol
$M(H_2O) = 18$ g/mol
$M(CO_2) = 44$ g/mol

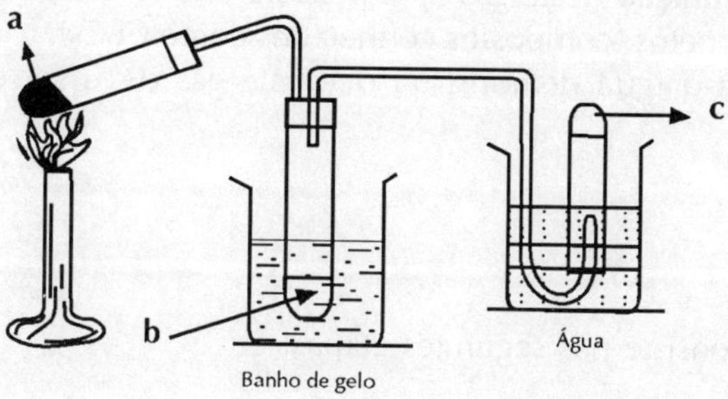

Julgue os itens seguintes.

(0) A reação que ocorre é:
$2NaHCO_3(s) \rightarrow Na_2CO_3(s) + H_2O(l) + CO_2(g)$.
(1) Em **b** recolhe-se o Na_2CO_3.
(2) Em **c** recolhe-se o CO_2.
(3) Na decomposição de 84g de $NaHCO_3$ obtém-se 18g de água.
(4) Recolhe-se 0,5 mol de CO_2 quando se decompõe 1,0 mol de $NaHCO_3$.
(5) Quando se forma um mol de Na_2CO_3, formam-se $6{,}02 \times 10^{23}$ moléculas de água.

Questão 44

UnB 2/95

O Coliseu Romano é considerado patrimônio da humanidade. Em sua construção, foi utilizado um tipo de cimento primitivo: uma argamassa de material vulcânico, constituída basicamente por silicatos, cal extinta (hidróxido de cálcio), água e areia (óxido de silício praticamente puro). Com relação aos materiais citados no texto, julgue os itens que se seguem.

(0) Ao soprar dentro de uma solução aquosa de cal extinta, utilizando um canudo , será produzido um sólido branco insolúvel, o $CaCO_3$, que turvará a solução.
(1) A cal extinta é obtida pela hidratação do óxido de cálcio.
(2) O silício possui propriedades intermediárias às dos metais e às dos não-metais.
(3) O óxido de silício é constituinte principal da matéria-prima utilizada na fabricação de vidros.

Questão 45

UnB 2/95

O dióxido de carbono, conhecido como gás carbônico, é de grande importância para a existência de vida em nosso planeta. Todavia, a sua concentração na atmosfera pode ser responsável por graves problemas ambientais. Recentemente um acidente envolvendo trabalhadores em uma caixa-d'água de Brasília teve como provável responsável a elevada concentração do gás naquele ambiente. A respeito deste gás, julgue os itens a seguir.

(0) A sua fórmula química é CO.
(1) Ele é classificado quimicamente como um sal.
(2) Atualmente a concentração deste gás na atmosfera está relacionada com os aerossóis que contêm clorofluorocarbonetos (compostos conhecidos como CFCs).
(3) O acidente da caixa-d'água demonstrou que este gás deve ser eliminado da atmosfera terrestre.

Questão 46

UnB 1/96

O tratamento de água consiste nas seguintes etapas:

a) coagulação (adição de cal hidratada, sulfato de alumínio e cloreto de ferro III), b) floculação (agrupamento de flocos pequenos em flocos maiores), c) decantação, d) filtração, e) desinfecção (adição de cloro gasoso – Cl_2), f) fluoretação (adição de ácido fluorsilícico e fluorsilicato de sódio) e g) correção final de pH (adição de óxido de cálcio).

Em relação a esses processos, julgue os itens a seguir.

(0) Todas as etapas constituem-se em processos químicos de transformação da água dos rios e dos lagos em água potável.
(1) Essas etapas constituem um processo de decomposição da água para retirar os seus diversos componentes, até obter-se a substância simples H_2O, livre de impurezas.
(2) A fluoretação consiste na adição de flúor na forma de substância simples.
(3) A água tratada é uma solução aquosa com vários solutos.
(4) O CaO é uma substância neutra que não altera a acidez de soluções aquosas.

Questão 47

UnB 1/96

As etapas de coagulação e de floculação no tratamento da água consistem na formação de precipitado gelatinoso que adsorve as particulas sólidas em suspensão na água, formando grandes flocos que, posteriormente, se decantam. A formação dos flocos iniciais ocorre a partir das seguintes reações químicas.

(**A**) $Al_2(SO_4)_3\ (s) + 6\ OH^-\ (aq) \rightleftharpoons 2\ Al(OH)_3(s) + 3SO_4^{2-}\ (aq)$

(**B**) $FeCl_3\ (s) + 3OH^-\ (aq) \rightleftharpoons Fe\ (OH)_3(s) + 3\ Cl^-\ (aq)$

Analisando as informações contidas nas equações apresentadas, julgue os itens abaixo.

(0) As substâncias que adsorvem as partículas sólidas da água são o hidróxido de alumínio e o hidróxido de ferro III.
(1) A equação **A** demonstra que, durante esses processos, coexistem na água tanto o sulfato de alumínio quanto o hidróxido de alumínio.
(2) A adição de óxido de cálcio, para auxiliar a coagulação, deve deslocar o equilíbrio da reação no sentido de aumentar a concentração do sulfato de alumínio.
(3) A equação **B** representa a transformação de quatro elementos químicos, por meio do rearranjo de dez átomos.

Estrutura Atômica

Questão 48

UnB 1/90

As expressões abaixo são comumente usadas pela população.
I - Minas Gerais tem muito ferro.
II - O pé da mesa é de ferro.
III - O feijão contém ferro.

Com relação a estas expressões, julgue os itens abaixo.
(0) As três expressões referem-se ao elemento químico ferro.
(1) O que existe no estado de Minas Gerais é um minério contendo o elemento químico ferro.
(2) O pé da mesa é feito de minério de ferro (óxido de ferro).
(3) O elemento químico ferro ocorre na crosta terrestre como uma substância simples.
(4) Nos alimentos, o elemento químico ferro ocorre na forma de íons positivos.
(5) O símbolo químico do ferro é Fr.

Questão 49

UnB 1/95

Nuclídeo é definido como "tipo de um dado elemento químico caracterizado por um número de massa específico". Analise a tabela abaixo.

Nuclídeo	Z	A
I	17	35
II	12	24
III	06	12
IV	03	7
V	06	14
VI	54	131

Julgue os itens a seguir:

(0) O número 7 (sete) representa a massa atômica do nuclídeo IV.
(1) Os nuclídeos III e V possuem o mesmo número de partículas negativas, no estado fundamental.
(2) Na tabela acima, é possível identificar seis elementos químicos.
(3) É possível calcular, a partir da tabela, o número de nêutrons de cada nuclídeo.

Questão 50

UnB 2/93

Em 1911, Rutherford realizou uma experiência em que uma lâmina muito fina de ouro foi bombardeada com partículas alfa (partículas positivamente carregadas). A maioria delas atravessou a lâmina sem sofrer desvios na trajetória. No entanto, um pequeno número de partículas sofreu desvios muito grandes.
A partir desse experimento, Rutherford concluiu que:

(0) os núcleos são densos e eletricamente positivos.
(1) a matéria tem em sua constituição grandes espaços vazios.
(2) o átomo é divisível, em oposição a Dalton, que o considerava indivisível.
(3) o tamanho do átomo é determinado pelo tamanho do núcleo.
(4) os elétrons ocupam órbitas circulares ao redor do núcleo do átomo (níveis estacionários).

Questão 51

UnB 1/94

Julgue os itens abaixo, relacionados ao átomo.

(0) Átomos que possuem o mesmo número de prótons, nêutrons e elétrons são iguais.
(1) O número de prótons de um átomo é denominado número atômico.
(2) Átomos de mesmo número atômico constituem um elemento químico.
(3) O número de elementos químicos atualmente conhecidos é inferior a 100.
(4) Atribuíram-se nomes às diferentes partículas constituintes dos átomos: as positivas foram chamadas elétrons e as negativas prótons.

Questão 52

UnB 1/94

O ouro é o mais maleável e dúctil dos metais. Possui o número atômico 79, ponto de fusão igual a 1,064,43 °C e ponto de ebulição igual a 2.807 °C. Sobre o ouro, julgue os itens abaixo.

(0) Uma peça metálica de platina é mais facilmente convertida em fios que uma peça metálica de ouro.
(1) O isótopo ^{198}Au, utilizado no tratamento de doenças cancerígenas, possui 198 nêutrons.
(2) A notação Au^{3+} representa um íon que tem 82 prótons e 79 elétrons.
(3) Os elevados pontos de fusão e de ebulição são justificados pelo fato de as ligações metálicas dos átomos de ouro serem muito fortes, mantendo estes átomos intensamente unidos.

Questão 53

UnB 2/95

Em 1871, a Sociedade Química Russa publicou em sua revista um extenso artigo de D. Ivanovitch Mendeleyev, intitulado "O sistema natural dos elementos e a sua aplicação na determinação das propriedades dos elementos". Partindo de sua hipótese, a lei fundamental da periodicidade, Mendeleyev previu a existência e descreveu detalhadamente três elementos químicos completamente desconhecidos à época. A lei de Mendeleyev exerceu enorme influência no desenvolvimento de modelos da estrutura do átomo, ampliando os conhecimentos sobre a natureza da matéria. Sobre este assunto, julgue os itens que se seguem.

(0) O modelo atômico de Rutherford foi fundamental para que Mendeleyev propusesse seu sistema de classificação, que associava a configuração eletrônica e a família de cada elemento químico.
(1) Segundo Mendeleyev, as propriedades dos elementos, assim como as das substâncias simples e compostas que eles formam, encontram-se em uma relação periódica com o seu peso atômico.
(2) Um modelo atômico é uma descrição exata do átomo.
(3) Hoje, graças ao avanço da tecnologia, já é possível, com o uso de microscópio eletrônico de varredura tunelante, visualizar o átomo, com os elétrons girando em sete camadas ao redor do núcleo, conforme imaginava Rutherford.
(4) Para se compreenderem as propriedades dos elementos e das substâncias que eles formam, deve-se partir do pressuposto da natureza descontínua da matéria.

Questão 54

UnB 1/96

Em relação à estrutura dos átomos constituintes da água, julgue os itens abaixo.

(0) Dois dos átomos da molécula da água possuem o mesmo número de prótons.
(1) Segundo o modelo atômico de Bohr, esses átomos são divisíveis.
(2) Os elétrons que estão mais próximos do núcleo atômico do oxigênio possuem mais energia do que elétrons que se encontram mais afastados.
(3) A eletrosfera é a região mais densa desses átomos.
(4) Os átomos de hidrogênio e de oxigênio, quando presentes em outros compostos, podem ter um número de elétrons diferentes daquele que apresentam na molécula de água.

Tabela Periódica

Consulte a Tabela Periódica abaixo para responder as questões 55 e 56:

H																	He
Li	Be											B	C	N	O	F	Ne
Na	Mg											Al	Si	P	S	Cl	Ar
K	Ca	Sc	Ti	V	Cr	Mn	Fe	Co	Ni	Cu	Zn	Ga	Ge	As	Se	Br	Kr
Rb	Sr	Y	Zr	Nb	Mo	Tc	Ru	Rh	Pd	Ag	Cd	In	Sn	Sb	Te	I	Xe
Cs	Ba	La	Hf	Ta	W	Re	Os	Ir	Pt	Au	Hg	Tl	Pb	Bi	Po	At	Rn
Fr	Ra	Ac	Unq	Uno	Unn												

Ce	Pr	Nd	Pm	Sm	Eu	Gd	Tb	Dy	Ho	Er	Tm	Yb	Lu
Th	Pa	U	Np	Pu	Am	Cm	Bk	Cf	Es	Fm	Md	No	Lr

Questão 55

UnB 2/90

Julgue os itens abaixo.

(0) O elemento químico de número atômico 78 é a platina.
(1) O símbolo químico do nióbio é Ni.
(2) O símbolo Tl representa o elemento químico tântalo.
(3) Os elementos químicos silício e chumbo pertencem ao mesmo período da Tabela.
(4) A série dos lantanídeos começa com o elemento químico de número atômico 58 e termina com o de número atômico 71.

Questão 56

UnB 2/90

Julgue os itens abaixo.
(0) O átomo do elemento químico fósforo possui 15 elétrons e 15 prótons.
(1) O átomo do elemento químico gálio tem 4 elétrons de valência.
(2) O Grupo 2A da Tabela Periódica contém 5 elementos.
(3) O átomo do elemento químico arsênio tem os elétrons de valência localizados na camada N.
(4) Os elétrons de valência do átomo do elemento químico bismuto situam-se na camada de número quântico principal "n" igual a 6.

As questões 57 e 58 referem-se à Tabela Periódica apresentada a seguir:

H																	He
Li	Be											B	C	N	O	F	Ne
Na	Mg											Al	Si	P	S	Cl	Ar
K	Ca	Sc	Ti	V	Cr	Mn	Fe	Co	Ni	Cu	Zn	Ga	Ge	As	Se	Br	Kr
Rb	Sr	Y	Zr	Nb	Mo	Tc	Ru	Rh	Pd	Ag	Cd	In	Sn	Sb	Te	I	Xe
Cs	Ba	La	Hf	Ta	W	Re	Os	Ir	Pt	Au	Hg	Tl	Pb	Bi	Po	At	Rn
Fr	Ra	Ac	Unq	Uno	Unn												

Ce	Pr	Nd	Pm	Sm	Eu	Gd	Tb	Dy	Ho	Er	Tm	Yb	Lu
Th	Pa	U	Np	Pu	Am	Cm	Bk	Cf	Es	Fm	Md	No	Lr

Questão 57

UnB 2/91

Os íons metálicos mais freqüentemente encontrados em organismos vivos são os de sódio, potássio, cálcio, magnésio, cromo, ferro, cobre, manganês, molibdênio e zinco.

Julgue os itens.

(0) Os íons de cromo, ferro, cobre, manganês, molibdênio e zinco são íons de metais de transição.
(1) O elemento químico magnésio tem elétrons nas camadas K, L e M.
(2) Os elementos químicos cromo, ferro, cobre e zinco pertencem à família dos metais alcalinos terrosos.
(3) Os íons de cálcio, magnésio e zinco são monovalentes.

TABELA 1
ALGUNS GASES ENCONTRADOS NA ATMOSFERA E A PROPORÇÃO EM QUE OCORREM

Gás	Função em Volume (%)
Nitrogênio	78,1
Oxigênio	20,9
Argônio	00,93
Neônio	00,0018
Hélio	00,00052
Criptônio	00,00011
Xenônio	00,000009

Questão 58

UnB 2/91

Consultando a Tabela Periódica e a Tabela 1, julgue os itens.

(0) O símbolo químico do neônio é Ne e seu número atômico é 10.
(1) O átomo de nitrogênio é mais eletronegativo que o átomo de oxigênio.
(2) O átomo de hélio tem raio atômico maior que os de argônio e xenônio.
(3) O potencial de ionização do oxigênio é maior que o do nitrogênio.
(4) Na Tabela 1 há quatro exemplos de gases nobres.

As questões 59 e 60 estão relacionadas à Tabela Periódica apresentada a seguir:

H																	He
Li	Be											B	C	N	O	F	Ne
Na	Mg											Al	Si	P	S	Cl	Ar
K	Ca	Sc	Ti	V	Cr	Mn	Fe	Co	Ni	Cu	Zn	Ga	Ge	As	Se	Br	Kr
Rb	Sr	Y	Zr	Nb	Mo	Tc	Ru	Rh	Pd	Ag	Cd	In	Sn	Sb	Te	I	Xe
Cs	Ba	La	Hf	Ta	W	Re	Os	Ir	Pt	Au	Hg	Tl	Pb	Bi	Po	At	Rn
Fr	Ra	Ac	Unq	Uno	Unn												

Ce	Pr	Nd	Pm	Sm	Eu	Gd	Tb	Dy	Ho	Er	Tm	Yb	Lu
Th	Pa	U	Np	Pu	Am	Cm	Bk	Cf	Es	Fm	Md	No	Lr

Questão 59

UnB 1/91

Julgue os itens.

(0)

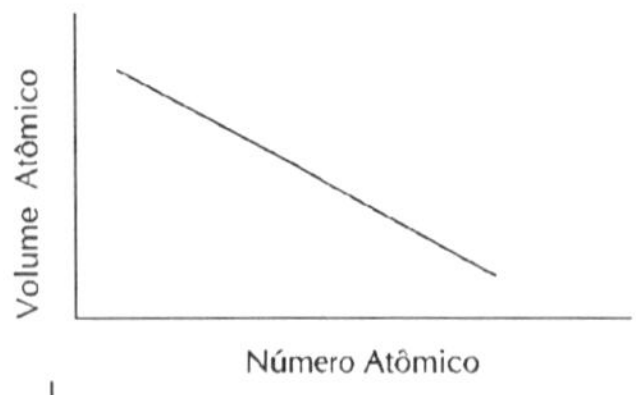

O diagrama pode representar a variação de volume dos elétrons da coluna IA, em função do número atômico.

(1)

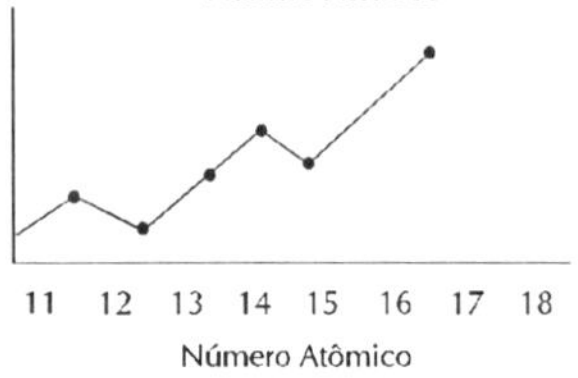

O diagrama pode representar a variação de potencial de ionização dos elementos do 3º período, em função do número atômico.

(2) O volume do Cl^- é menor que o do Cl.
(3) Os elementos da coluna **IIA** apresentam mais de um estado de oxidação.
(4) os ametais são elementos representativos.

Questão 60

UnB 1/91

Julgue os itens:

(0) O ponto de ebulição do bromo é maior que o do cloro.
(1) O elemento de número atômico **19** reage com o elemento de número **17**, formando um líquido.
(2) Os elementos do grupo **VIIA** são encontrados, na natureza, na forma de óxidos.
(3) O hélio é a substância que apresenta o menor ponto de ebulição.
(4) Tanto o potássio como o cálcio reagem com a água produzindo hidróxidos.
(5) O alumínio é obtido, industrialmente, a partir de processo eletrolítico.

Questão 61

UnB 2/92

Julgue os itens abaixo, os quais estão relacionadas com a Tabela Periódica

H																	He
Li	Be											B	C	N	O	F	Ne
Na	Mg											Al	Si	P	S	Cl	Ar
K	Ca	Sc	Ti	V	Cr	Mn	Fe	Co	Ni	Cu	Zn	Ga	Ge	As	Se	Br	Kr
Rb	Sr	Y	Zr	Nb	Mo	Tc	Ru	Rh	Pd	Ag	Cd	In	Sn	Sb	Te	I	Xe
Cs	Ba	La	Hf	Ta	W	Re	Os	Ir	Pt	Au	Hg	Tl	Pb	Bi	Po	At	Rn
Fr	Ra	Ac	Unq	Uno	Unn												

Ce	Pr	Nd	Pm	Sm	Eu	Gd	Tb	Dy	Ho	Er	Tm	Yb	Lu
Th	Pa	U	Np	Pu	Am	Cm	Bk	Cf	Es	Fm	Md	No	Lr

(0) Os elementos estão organizados em ordem crescente de número atômico e distribuídos de modo a situar os de propriedades mais semelhantes em uma mesma coluna.
(1) Atribuiu-se o nome período ao conjunto de elementos de cada coluna. As linhas horizontais foram denominadas grupos familiares ou famílias.
(2) Alguns gases nobres não são inertes, isto é, são capazes de reagir com outras substâncias.
(3) Obtêm-se elementos artificiais a partir de transformações na eletrosfera de elementos naturais.
(4) Os símbolos dos elementos: sódio, chumbo, manganês, magnésio e antimônio são respectivamente Na, Pb, Mn, Mg e Sb.

Questão 62

UnB 1/92

A Tabela Ilustrada indica as distribuições de elétrons nos níveis de energia de alguns elementos neutros, representados por símbolos hipotéticos.

ELEMENTO	NÍVEL			
	1º	2º	3º	4º
A	2	1		
B	2	5		
C	2	7		
D	2	8	1	
E	2	8	3	
F	2	8	7	
G	2	8	8	1
H	2	8	8	2

Analise os dados e julgue os itens seguintes.

(0) Os elementos **A** e **B** pertencem a um mesmo período da Tabela Periódica.
(1) **A** e **C** têm propriedade química semelhante.
(2) **A**, **D** e **G** estão situados em uma mesma coluna da Tabela Periódica.
(3) **C** e **F** são halogênios.
(4) **G** e **H** têm caráter metálico.
(5) O primeiro potencial de ionização de **H** é menor que o potencial de ionização de **G.**

Questão 63

UnB 2/93

O iodo é, provavelmente, um dos anti-sépticos mais antigos e populares. A tintura de iodo (2% em massa de iodeto de sódio em etanol), por exemplo, já era usada em 1839. Consulte a tabela periódica e julgue os itens.

(0) O símbolo do elemento químico iodo é I.
(1) A fórmulas da substância simples iodo é I_3.
(2) O número atômico do elemento químico iodo é 54.
(3) Um átomo neutro de iodo possui seus elétrons de valência na camada **O.**
(4) A fórmula do iodeto de sódio é $\mathbf{Na_2I}$.

Questão 64

Julgue os itens seguintes, examinando a Tabela Periódica abaixo.

H																	He
Li	Be											B	C	N	O	F	Ne
Na	Mg											Al	Si	P	S	Cl	Ar
K	Ca	Sc	Ti	V	Cr	Mn	Fe	Co	Ni	Cu	Zn	Ga	Ge	As	Se	Br	Kr
Rb	Sr	Y	Zr	Nb	Mo	Tc	Ru	Rh	Pd	Ag	Cd	In	Sn	Sb	Te	I	Xe
Cs	Ba	La	Hf	Ta	W	Re	Os	Ir	Pt	Au	Hg	Tl	Pb	Bi	Po	At	Rn
Fr	Ra	Ac	Unq	Uno	Unn												

Ce	Pr	Nd	Pm	Sm	Eu	Gd	Tb	Dy	Ho	Er	Tm	Yb	Lu
Th	Pa	U	Np	Pu	Am	Cm	Bk	Cf	Es	Fm	Md	No	Lr

(0) Uma das vantagens da classificação periódica é de permitir o estudo das propriedades dos elementos em grupos, ao invés do estudo individual.

(1) Os átomos da família dos metais alcalinos têm o mesmo número de oxidação nos seguintes compostos: NaCl, KCl e Li_2O.

(2) Obtêm-se elementos artificiais, a partir de transformações na eletrosfera de elementos naturais.

(3) Os elementos prata, ouro e cobre constituem uma família.

(4) Os símbolos dos elementos potássio, criptônio e césio são, respectivamente, K, Kr e Ce.

Questão 65

UnB 1/93

Utilizando o modelo de tabela periódica, no qual estão colocados alguns elementos representados pelas letras do alfabeto, julgue os itens seguintes.

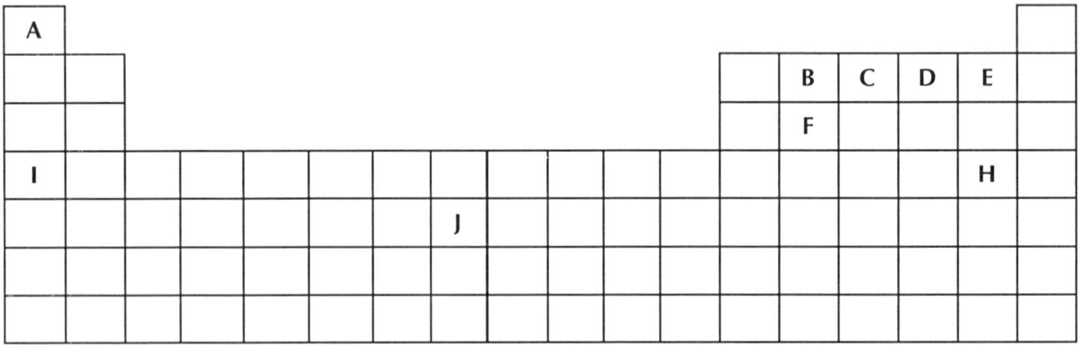

(0) A ordem crescente de eletronegatividade dos elementos **B, C, D e E** é **E < D < C <B**.
(1) O potencial de ionização do elemento **H** é maior que o do elemento **E**.
(2) O elemento **J** é um elemento representativo.
(3) O átomo **F** tem o número atômico Z = 14.
(4) A ligação entre os átomos **I** e **H** ocorre mediante o compartilhamento de um par de elétrons.
(5) A fórmula molecular do composto que se forma entre **B** e **H** é $\mathbf{BH_3}$.

Questão 66

UnB 2/95

Examine a Tabela Periódica mostrada abaixo.

H																	He
Li	Be											B	C	N	O	F	Ne
Na	Mg											Al	Si	P	S	Cl	Ar
K	Ca	Sc	Ti	V	Cr	Mn	Fe	Co	Ni	Cu	Zn	Ga	Ge	As	Se	Br	Kr
Rb	Sr	Y	Zr	Nb	Mo	Tc	Ru	Rh	Pd	Ag	Cd	In	Sn	Sb	Te	I	Xe
Cs	Ba	La	Hf	Ta	W	Re	Os	Ir	Pt	Au	Hg	Tl	Pb	Bi	Po	At	Rn
Fr	Ra	Ac	Unq	Uno	Unn												

Ce	Pr	Nd	Pm	Sm	Eu	Gd	Tb	Dy	Ho	Er	Tm	Yb	Lu
Th	Pa	U	Np	Pu	Am	Cm	Bk	Cf	Es	Fm	Md	No	Lr

Julgue os itens a seguir.

(0) Os elementos **H, Li, Na** e **K** possuem a maioria de suas propriedades químicas semelhantes.
(1) Segundo o modelo atômico de Bohr, um átomo de iodo possui cinco níveis permitidos de energia, nos quais se encontram elétrons, sendo que no quinto nível existem sete elétrons.
(2) O processo de formação de íons negativos dos elementos pode liberar ou absorver energia, denominada afinidade eletrônica.
(3) As propriedades dos elementos químicos estão relacionadas à estrutura eletrônica de seus átomos.

Questão 67

UnB 1/96

Na tabela periódica, o hidrogênio é geralmente representado na primeira coluna e no primeiro período e o oxigênio na antepenúltima coluna e no segundo período. Com base nessas informações podem se fazer algumas previsões a respeito da estrutura da molécula da água. Nesse sentido, julgue os itens a seguir.

(0) A ligação química entre o hidrogênio e o oxigênio é um exemplo de ligação entre um metal e um ametal.
(1) A ligação química entre o hidrogênio e o oxigênio é Polar, pois o oxigênio é mais eletronegativo do que o hidrogênio.
(2) Se o hidrogênio pertencesse à mesma coluna de oxigênio, então não seria possível a explicação da existência do íon hidrônio por meio da regra do octeto.
(3) O oxigênio é um elemento representativo que possui dois níveis energéticos e pertence, portanto, à família 2A.

Ligações Químicas

Questão 68

UnB 1/90

Dados os compostos abaixo e os grupos da tabela periódica a que pertencem os elementos envolvidos na sua formação, a saber:

Compostos		Grupos/Elementos
HCN	CH_3OH	1A:H,K
NH_3		4A:C
CH_2Br_2	H_2S	5A:N,P
H_2CO	KI	6A:O,S
		7A:Br,I

Julgue os itens a seguir.

(0) A molécula do **HCN** apresenta geometria angular.
(1) A ligação **N–H** da amônia é covalente apolar.
(2) A molécula de $\mathbf{CH_2Br_2}$ é tetraédrica e as ligações **C – Br** são covalentes polares.
(3) A molécula $\mathbf{H_2CO}$ é piramidal.
(4) O $\mathbf{CH_3OH}$ apresenta ponto de ebulição maior do que o do $\mathbf{CH_4}$.
(5) Na forma líquida as moléculas de $\mathbf{H_2S}$ apresentam interações dipolo-dipolo.
(6) Uma solução aquosa de composto **KI** conduz corrente elétrica.

Questão 69

UnB 2/90

Os sólidos representados por **A, B** e **C** são substâncias formadas por tipos distintos de ligações químicas.

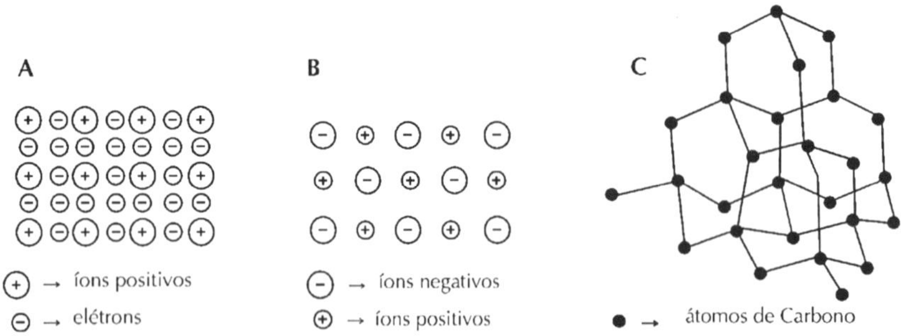

Com as informações fornecidas, julgue os itens abaixo.

(0) Os sólidos **A**, **B** e **C** são constituídos de moléculas.
(1) O sólido **A** é quebradiço.
(2) Os sólidos **B** e **C** apresentam elevados pontos de fusão.
(3) O sólido **A** é um isolante térmico.
(4) O sólido **C** apresenta elevado grau de dureza.

Questão 70

UnB 1/95

A utilização dos materiais depende essencialmente de suas propriedades, as quais podem ser explicadas pelas interações entre os seus átomos. Com base nesta afirmação, julgue os itens seguintes.

(0) Os compostos iônicos apresentam-se, na temperatura ambiente, no estado líquido.
(1) Uma folha de alumínio conduz eletricidade.
(2) Os átomos dos óxidos gasosos estão unidos por ligação iônica.
(3) As soluções aquosas de sais conduzem eletricidade.

Questão 71

UnB 1/91

Analisando as estruturas eletrônicas das moléculas representadas e usando a teoria da repulsão entre os pares de elétrons da camada de valência. Julgue os itens.

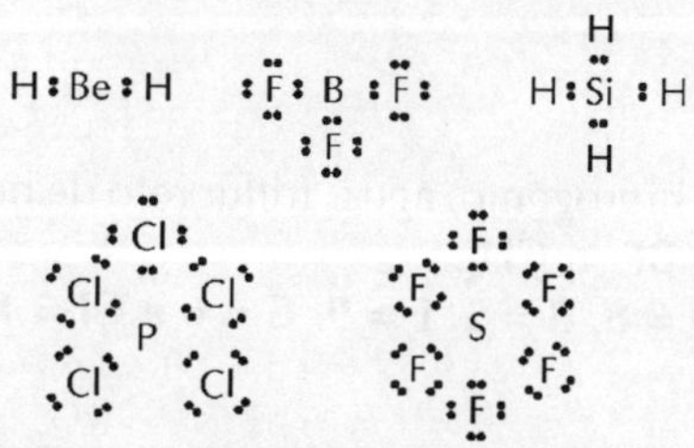

(0) A molécula BH_2 tem geometria idêntica à da água (geometria angular).
(1) A molécula BF_3 é trigonal planar.
(2) A molécula de SiH_4 tem ângulos de ligação de 90º.

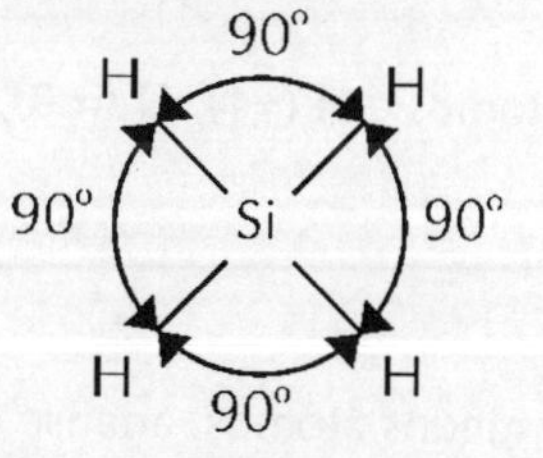

(3) A molécula PCl_5 tem geometria bipiramidal triangular.
(4) A geometria da molécula de SF_6 é hexagonal.

Questão 72

UnB 2/91

Julgue os itens.

(0) A água seria gás, à temperatura ambiente, se suas moléculas fossem lineares **(H – O – H)**.
(1) A molécula CF_4 é apolar, embora as ligações **C – F** sejam polares.
(2) A união entre os átomos de um metal se dá através do partilhamento de pares de elétrons.
(3) As espécies NH_4^+ e NH_3 têm a mesma geometria.
(4) O CH_4 é menos solúvel em CCl_4 do que em $CHCl_3$.
(5) No estado líquido, há fortes interações entre as moléculas de ácido acético **(CH_3COOH)**.

Questão 73

UnB 1/92

Analise as estruturas e julgue os itens.

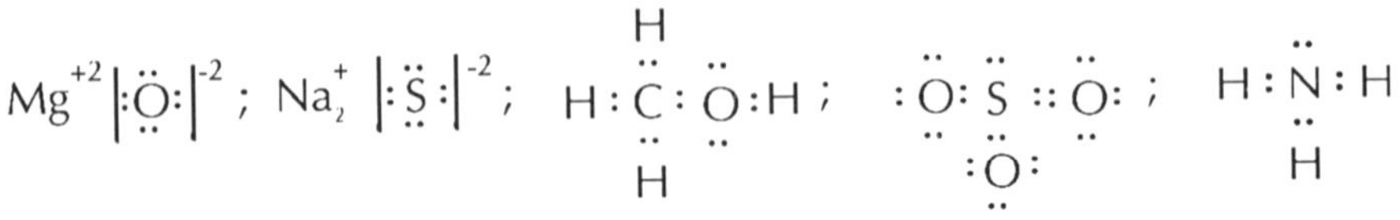

a **b** **c** **d** **e**

(0) A substância **a** é iônica.
(1) A substância **b** é constituída de moléculas.
(2) A substância **c** é solúvel em água.
(3) A molécula **d** pode ser representada por mais de uma estrutura eletrônica.
(4) A molécula **e** é apolar.
(5) As moléculas **d** e **e** têm mesma geometria.

Questão 74

UnB 2/92

As fórmulas moleculares para o hidrogênio, água, trifluoreto de boro e metano são representadas respectivamente por: $\mathbf{H_2}$, $\mathbf{H_2O}$, $\mathbf{BF_3}$ **e** $\mathbf{CH_4}$.
Números atômicos: H = 1,0, O = 8, B = 5, F = 9, C = 6 e Cl = 17.

Julgue os itens.

(0) A polaridade em cada molécula é: $\mathbf{H_2}$ (apolar), $\mathbf{H_2O}$ (polar), $\mathbf{BF_3}$ (apolar) e $\mathbf{CCl_4}$ (polar).
(1) O ângulo de ligação em cada molécula é $\mathbf{H_2}$ (180°) e $\mathbf{BF_3}$ (120°).
(2) A configuração espacial em cada molécula é $\mathbf{H_2}$ (linear), $\mathbf{H_2O}$ (angular), $\mathbf{BF_3}$ (trigonal planar) e $\mathbf{CCl_4}$ (quadrado planar).
(3) O número de prótons para os átomos é **H (=1), O (= 8), B (=5), F (=9), C (=6), e Cl(=17).**

Questão 75

UnB 1/93

Dados os números atômicos (Z) de alguns átomos, analise os compostos I a V.

NÚMEROS ATÔMICOS		COMPOSTOS	
H - 1	O - 8	I - $KClO_3$	IV - KCl
B - 5	Cl - 17	II - BCl_3	V - CH_3COOH
C - 6	K - 19	III - HCl	

Julgue os itens.

(0) O composto **I** é iônico e apresenta ligações covalentes.
(1) O composto **II** apresenta ligações polares, mas é apolar, devido à sua geometria.
(2) O composto **III** apresenta uma ligação iônica entre os íons $\mathbf{H^+}$ e $\mathbf{Cl^-}$.
(3) Uma solução aquosa do composto **IV** conduz corrente elétrica.
(4) O composto **V** é um ácido de Bronsted-Lowry.

Questão 76

UnB 2/94

Na fabricação de fogos de artifício, pode ser utilizado alumínio metálico em pó. A reação de queima, com liberação de luz e calor, é representada abaixo.

$2\ Al\ (s) + 3/2\ O_2\ (g) \rightarrow Al_2O_3(s)\ \Delta H = -1652 Kj.mol^{-1}$
M(Al) = 27,0g/mol ; Z(Al) = 13
M(O) = 16,0g/mol ; Z(O) = 8

Julgue os itens que se seguem.

(0) O raio atômico do elemento alumínio é menor que o do íon alumínio.
(1) As ligações entre os átomos de alumínio e oxigênio no óxido formado são resultantes da atração entre íons de cargas opostas.
(2) O alumínio metálico em pó reage tanto com ácidos quanto com bases.
(3) O alumínio metálico apresenta ligações covalentes.

Questão 77

UnB 2/94

O controle do pH de solos ácidos, para fins agrícolas, pode ser feito a partir da adição de quantidades adequadas da cal viva (CaO). Tal prática é possível devido à natureza básica do CaO e de subseqüente reação de neutralização que geralmente se observa nesses casos. Com base na equação química abaixo, que representa a reação da cal viva com a água, julgue os seguintes itens.

$$x\ CaO + y\ H_2O \rightarrow z\ Ca(OH)_2$$

(0) Após o balanceamento da equação acima, um possível valor para a soma de todos os coeficientes da equação é 3.
(1) As ligações entre os átomos na cal viva e na água são do mesmo tipo.
(2) O hidróxido de cálcio é um composto iônico.

Questão 78

UnB 2/93

Uma das substâncias terrestres mais abundantes e muito utilizadas pelo homem é o cloreto de sódio, o principal componente do sal de cozinha. Esquematicamente, os íons Na^+ e Cl^- mantém-se presos uns aos outros num cristal de cloreto de sódio da seguinte forma:

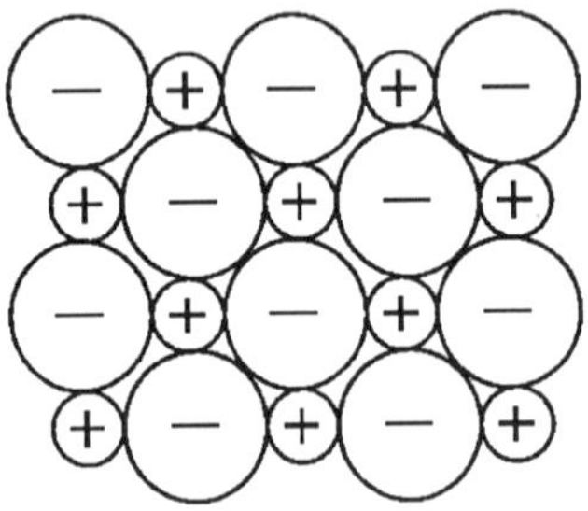

Julgue os itens.

(0) O cloreto de sódio não conduz corrente elétrica porque, no cristal, os íons Na^+ e Cl^- formam um retículo e são impedidos de se movimentarem.
(1) Em muitas substâncias, cátions (de metais do grupo 1A da Tabela Periódica) e ânions (do grupo 7A) se unem por meio de ligações covalentes.
(2) No **NaCl** sólido, os átomos de sódio e cloro estão eletricamente carregados e suas eletrosferas têm um número de elétrons igual ao das eletrosferas de gases nobres.
(3) Quando se dissolve uma substância iônica em água, há destruição de estruturas cristalinas e os íons dispersam-se por toda a solução.
(4) A solução aquosa de **NaI**, apesar de ser eletricamente neutra, conduz corrente elétrica.

Questão 79

UnB 2/95

Os constituintes moleculares das substâncias compostas apresentam interações de natureza predominantemente covalente entre os seus átomos. A respeito dessas interações, julgue os itens a seguir.

(0) Elas são resultantes das forças de atração e de repulsão entre os núcleos e as eletrosferas dos átomos ligantes.
(1) Os elétrons que são compartilhados nesse tipo de ligação movimentam-se em torno de mais de um núcleo atômico.
(2) Havendo diferença de eletronegatividade entre os átomos ligantes, elas serão de natureza apolar.
(3) Elas são classificadas como ligação covalente dupla, caso tenham dois elétrons sendo compartilhados.

Questão 80 UnB 1/96

Em relação às ligações químicas das substâncias utilizadas no tratamento da água, julgue os itens seguintes.

(0) O cloro gasoso **(Cl_2)** apresenta ligação covalente.
(1) O óxido de cálcio apresenta ligação covalente.
(2) O sulfato de alumínio e o cloreto de ferro **III** são compostos iônicos.
(3) O sulfato de alumínio e o cloreto de ferro **III** apresentam, também, ligação metálica.

Questão 81 UnB 1/96

Em relação à estrutura química da água, julgue os itens que se seguem.

(0) Se a água fosse uma molécula linear, ela não dissolveria, com facilidade, os compostos iônicos.
(1) Existem elétrons de suas moléculas que pertencem à eletrosfera de mais de uma átomo.
(2) Na água pura, coexistem as seguintes espécies químicas **H_2O, H_3O^+, OH^-**.
(3) A fórmula estrutural plana da água, **H – O – H**, demonstra que o oxigênio faz ligação covalente dupla com o hidrogênio.
(4) O fato de a água não ser um gás à temperatura ambiente, apesar de ser uma molécula mais leve do que a do gás oxigênio e a do nitrogênio, demonstra a existência de forças intermoleculares muito fortes entre as suas moléculas.

Oxidação - Redução

Questão 82 UnB 1/90

Durante a descarga de uma bateria de chumbo, ocorre a seguinte reação global:

$Pb(s) + PbO_2(s) + 2HSO_4^-(aq) + 2H^+(aq) \rightarrow 2PbSO_4(s) + 2H_2O(l)$

Julgue os itens abaixo:

(0) O chumbo metálico encontra-se no estado sólido.
(1) O chumbo metálico é o agente redutor.
(2) O óxido de chumbo (IV) é o agente oxidante.
(3) Os íons H^+ são reduzidos.
(4) Um dos produtos da reação é o sulfato se chumbo (IV).
(5) O estado de oxidação do enxofre no íon HSO_4^- é + 4.

Questão 83

UnB 1/95

Representa-se a obtenção de ferro-gusa pela equação abaixo. Identificando o estado de oxidação das substâncias envolvidas nessa reação, julgue os itens que se seguem.

$2Fe_2O_3(s) + 6C(s) + 3O_2(g) \rightarrow 4Fe(s) + 6\ CO_2(g)$

(0) Os átomos de Fe do Fe_2O_3 sofreram redução.
(1) Na reação, o gás oxigênio (O_2) atua como redutor.
(2) O estado de oxidação +4 do átomo de carbono no CO_2 indica que tal substância é iônica.
(3) Nesta reação, o número total de elétrons dos reagentes é igual ao número total de elétrons dos produtos.

Questão 84

UnB 1/92

Analise a equação abaixo (não-balanceada) e julgue os itens

$HNO_3(aq) + P_4(s) + H_2O(l) \rightarrow H_3PO_4(aq) + NO(g)$

(0) O HNO_3 é o agente oxidante.
(1) A água é o agente redutor.
(2) Quando a equação estiver corretamente balanceada, a soma dos menores coeficientes inteiros será 63.
(3) O estado de oxidação do fósforo na substância P_4 é quatro.

Funções Inorgânicas

Questão 85

UnB 2/90

O odor característico dos peixes é devido a substâncias voláteis de fórmula geral R - NH_2. Esse odor pode ser removido das mãos esfregando-as com limão. A reação química que ocorre é:

$$\underset{(I)}{R - NH_2(aq)} + HA(aq) \rightleftharpoons \underset{(II)}{R - NH^+_3\ A^-}$$

Com base nestas informações, julgue os itens abaixo.

(0) A substância (I) é uma amina.
(1) Na reação acima, R - NH_2 é um ácido de Bronsted.
(2) A substância (II) é um sal de amônio.
(3) O ânion A^- é a base conjugada do ácido HA.
(4) O sal formado é mais volátil que a substância (I).

Questão 86

UnB 1/94

Observe os compostos abaixo e julgue os itens seguintes.

I - NH_4OH II - $AlPO_4$ III - P_2O_5 IV - H_3PO_4 V - $Al(OH)_3$

(0) O composto I é uma base, formada pela dissolução do gás amoníaco (NH_3) em água.
(1) O composto II é um sal que pode ser obtido a partir dos compostos IV e V.
(2) Os compostos II e IV são exemplos de bases.
(3) Os compostos III e V são exemplos de ácidos.

Questão 87

UnB 1/94

Considere a tabela abaixo, relacionada com os indicadores e suas cores, para julgar os itens seguintes.

Escala de pH / Indicador	... 1 2 3 4 5 6 7 8 9 10 11 12 13 14
Fenolftaleína	incolor ▨ rosa
Metilorange	vermelho ▨ amarelo-alaranjado
Azul de Bromotimol	amarelo ▨ azul

▨ faixa de pH onde há mistura de cores

(0) indicador metilorange apresentará uma coloração vermelha, ao ser adicionado a uma solução de 0,01 mol/L de ácido clorídrico.
(1) O indicador fenolftaleína apresentará uma coloração rosa, ao ser adicionado a uma mistura de 50 ml de ácido clorídrico (HCl) 0,1 mol/L com 50 ml de hidróxido de sódio (NaOH) 0,15 mol/L.
(2) O indicador azul de bromotimol apresentará uma coloração azul, ao ser adicionada a uma solução aquosa com [0H] = 10^{-13} mol/L (considere $K_W = 1{,}00 \times 10^{-14}$ a 25 °C).
(3) O indicador fenolftaleína apresentar-se-á incolor, ao ser adicionado a uma alíquota de suco de limão.

Para responder às questões 88 a 90, leia o texto a seguir.

Em um experimento executado em sua escola, um estudante fez as seguintes anotações.
"I - Preparei duas soluções: solução A – ácido clorídrico (0,1 mol/L), solução B – hidróxido de sódio (0,1 mol/L).
II - Adicionei algumas gotas de extrato de repolho roxo em uma amostra de cada solução e observei, então, as seguintes colorações: TUBO 1 (solução A) = vermelho,
TUBO 2 (solução B) = verde.
III - Adicionei, gradualmente, algumas gotas de solução B ao TUBO 1 e observei uma rápida mudança de coloração.
IV - Coloquei, então, uma solução desconhecida em outro tubo (TUBO 3), adicionei um pouco de extrato de repolho roxo e observei uma coloração verde.
V - Adicionei 10 gotas de solução B ao TUBO 3 e a cor manteve-se.
VI - Acrescentei, gradualmente, várias gotas da solução A ao TUBO 3, agitando-o, e observei uma mudança de cor para vermelho".

Questão 88

UnB 1/96

Com base na descrição acima, julgue os itens a seguir.

(0) A medida da acidez, em meio aquoso, é um modo de se expressar a concentração de íons H^+.
(1) Conforme anotado em III, houve uma brusca alteração de pH, resultante de uma reação ácido-base.
(2) O extrato de repolho utilizado pelo estudante é um indicador de pH.
(3) A reação entre as soluções A e B tem como um de seus produtos o cloreto de sódio.

Questão 89

UnB 1/96

De acordo com o experimento realizado pelo estudante, julgue os itens que se seguem.

(0) A solução desconhecida é, com certeza, ácida.
(1) Ácido clorídrico é o nome dado à substância $HClO_4$.
(2) A cor foi a propriedade usada para identificar a acidez, ou a basicidade, das soluções do experimento.
(3) A solução B foi preparada pela dissolução de NaOH em água.
(4) O procedimento descrito em VI provocou a neutralização das substâncias dissolvidas, tanto na solução B quanto na solução desconhecida.

Questão 90

UnB 1/96

A experiência realizada pelo aluno envolve alguns importantes conceitos da Química. Com relação a eles, julgue os itens seguintes.

(0) Solução é o nome dado a um material cujos constituintes misturam-se, formando uma mistura heterogênea.
(1) Solução aquosa é aquela cujo soluto é a água.
(2) Concentração em quantidade de matéria é a expressão que substituiu o termo molaridade.

Questão 91

UnB 2/95

A ferrugem pode ser removida de superfícies metálicas pelo meio do processo de decapagem, que consiste em mergulhar a peça em solução aquosa de, por exemplo, ácido sulfúrico.
Os efluentes resultantes desse processo, jogados nos esgotos, podem conter o metal dissolvido, além de ácido. Tais efluentes são comumente tratados por uma base, como a cal extinta. A base neutraliza ácido e precipita o metal, conforme mostram as equações abaixo:

I - $H_2SO_4(aq) + Ca(OH)_2(aq) \rightarrow CaSO_4(s) + 2H_2O(l)$
II - $Fe^{3+}(aq) + 3OH^-(aq) \rightarrow Fe(OH)_3(s)$

Julgue os itens que se seguem.

(0) O precipitado formado no tratamento acima é denominado hidróxido ferroso.
(1) A carga iônica do reagente ferro na equação II indica que em sua formação houve o ganho de três elétrons.
(2) Na equação II, o número colocado ao lado esquerdo do íon hidróxido é denominado coeficiente estequiométrico.
(3) O índice "2", observado na fórmula da cal extinta, indica existência de dois grupos hidroxila para cada cátion bivalente de cálcio.
(4) O sal formado na neutralização do ácido é o sulfito de cálcio.

Gases

Questão 92

UnB 2/91

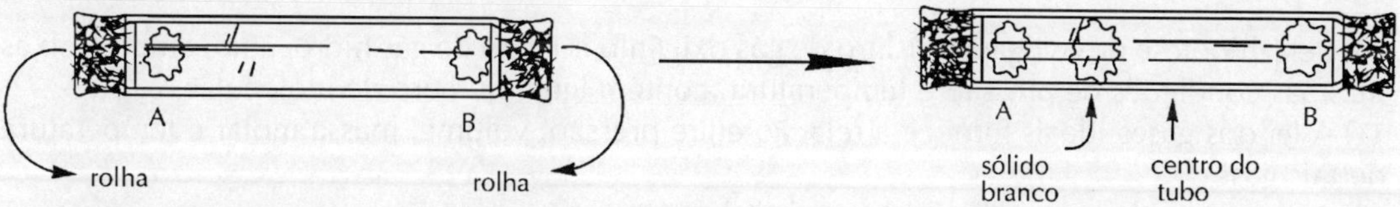

Figura I Figura II

A **FIGURA 1** mostra um tubo de vidro onde se coloca, simultaneamente, na extremidade A um algodão embebido em amônia, e, na extremidade B, um algodão embebido em ácido clorídrico, vedando-se, imediatamente, o sistema. Decorrido um certo tempo, observa-se o aparecimento de um sólido branco (**FIGURA II**).
Analise o experimento e julgue os itens.

(0) Esta experiência ilustra o fenômeno conhecido como difusão gasosa.
(1) A reação que representa a formação do sólido branco é:
$NH_3(g) + HCl(g) \rightarrow NH_4Cl(s)$.
(2) As moléculas dos gases se movem ao longo do tubo com velocidades iguais.
(3) Quanto maior a massa molecular de um gás, maior será a sua velocidade ao longo do tubo.

Questão 93

UnB 2/92

Uma certa quantidade de um gás ideal foi submetida às transformações: 1 → 2,2 → 3 e 3 → 1 indicadas no diagrama pV (p = pressão e V = volume).

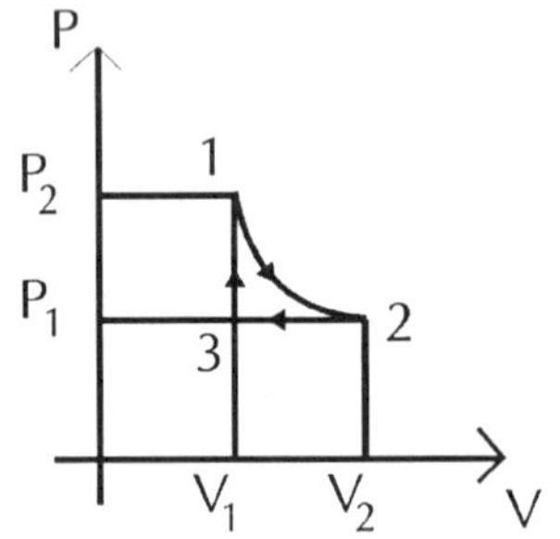

Julgue os itens.

(0) Na transformação de 1 para 2 a temperatura diminui.
(1) Na transformação de 2 para 3 o gás sofre contração de volume.
(2) Na transformação de 3 para 1 a temperatura permanece constante.
(3) Nos pontos 1, 2 e 3 as temperaturas são iguais.
(4) Na transformação de 3 para 1 a pressão aumenta e o volume permanece constante.
(5) Na transformação de 1 para 2 o gás sofre expansão.

Questão 94

UnB 2/94

Julgue os itens seguintes.

(0) Pela hipótese de Avogadro, 1 litro de gás oxigênio e 1 litro de gás hidrogênio, ambos sob as mesmas condições de pressão e temperatura, contêm igual número de moléculas.
(1) A lei dos gases ideais fornece a relação entre pressão, volume, massa molar e temperatura de tais gases.
(2) A constante dos gases (R) é adimensional.
(3) Todos os gases, a pressões próximas ao vácuo, apresentam distanciamento entre suas moléculas que, por este motivo, podem ser consideradas como pontos de massa inertes. Sob tais condições, é correto afirmar que os gases obedecem à lei dos gases ideais.

Questão 95

UnB 1/93

Considere uma certa massa de um gás contida em um recipiente munido de um pistão, que permite variar o volume, e de um manômetro (M) que registra a pressão em atmosfera (atm). Foram efetuadas quatro variações de volume, correspondentes aos estados I, II, III e IV, ilustrados no esquema abaixo e mostrados no diagrama pV (p = pressão e V = volume).

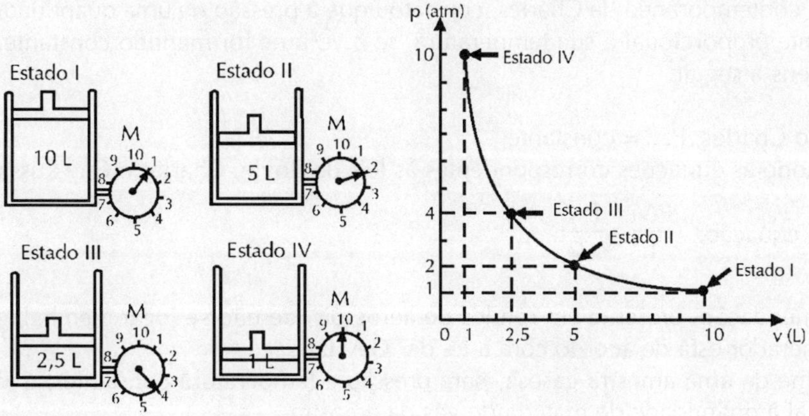

Julgue os itens.

(0) A curva obtida pela união dos pontos correspondentes aos estados I, II, III e IV recebe o nome de isoterma de Boyle.
(1) Em todos os estados (I, II, III e IV) o produto pV é igual a 10 atm.l.
(2) A curva do diagrama pV define a lei de Boyle.
(3) Nos pontos correspondentes aos estados I, II, III e IV, as temperaturas são diferentes.

Questão 96

UnB 1/91

A equação abaixo, parcialmente balanceada, indica a reação entre duas substâncias:

$XY_4(g) + 3Z_2(g) \rightarrow 2X_2Y_2(g) + Y_2Z(g)$.

Os átomos estão representados por símbolos fictícios; os gases estão nas condições padrões de temperatura e pressão, e comportam-se como um gás ideal.
Julgue os itens.

(0) Após o completo balanceamento da equação, a soma dos coeficientes é 8.
(1) Partindo-se de 30 L de Y_2Z obtém-se 30 L de Z_2.
(2) Se a massa de 2, 24 L de XY_4 é 1, 6g, então a massa molar da substância é 16,0 g/mol.
(3) 5 L de Z_2 e 5 L de X_2Y_2 contêm o mesmo número de moléculas.
(4) Se a massa molar de Z_2 é maior que a massa molar de XY_4, então a velocidade de difusão de Z_2 é maior que a de XY_4.
(5) A energia cinética média das moléculas de Z_2 é igual a energia cinética média das moléculas de X_2Y_2.

Questão 97

UnB 1/95

As grandezas **volume**, **temperatura**, **pressão** e **quantidade** de **matéria** associam-se a uma substância no estado gasoso. Em 1662, o químico e físico irlandês Robert Boyle descreveu a constatação experimental de que, à temperatura constante, o volume de uma quantidade fixa de gás diminui quando a pressão sobre o gás é aumentada. Em 1787, o químico francês J. A. Charles constatou a expansão de gás, à pressão constante, quando aquecido. Joseph Gay-Lussac, um contemporâneo de Charles, constatou que a pressão de uma quantidade fixa de gás é diretamente proporcional à sua temperatura, se o volume for mantido constante.
Julgue os itens a seguir.

(0) Segundo Charles, P.V = constante.
(1) Associando as equações correspondentes às leis de Boyle, Charles e Gay-Lussac, obtém-se a seguinte equação: $\frac{P_iV_i}{T_i}=\frac{P_fV_f}{T_f}$.

(2) A recomendação, presente em rótulos de aerossóis, de não se jogar a embalagem no fogo ou no incinerador está de acordo com a lei de Gay-Lussac.
(3) O volume de uma amostra gasosa, para pressão e temperatura constantes, é inversamente proporcional à quantidade de matéria do gás da amostra.

Questão 98

UnB 1/93

Analise o seguinte gráfico:

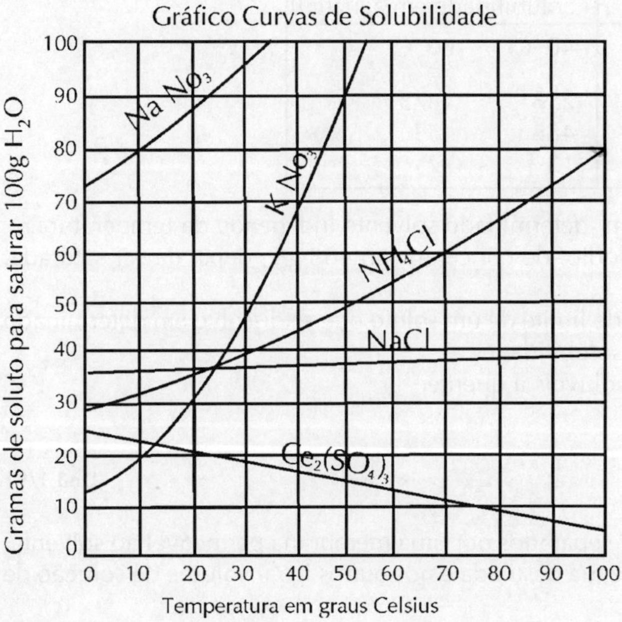

Julgue os itens abaixo.

(0) A substância mais solúvel em água a 10 °C é KNO_3.
(1) A substância que apresenta menor variação da solubilidade entre 30 °C e 80 °C é o cloreto de sódio.
(2) A solubilidade de qualquer sólido aumenta com a elevação da temperatura da solução.
(3) A mistura de 20g de NH_4Cl em 100g de água a 50 °C resultará em uma solução insaturada.
(4) Uma solução preparada com 80 g de KNO_3 em 100 g de água a 40 °C apresentará sólido no fundo do recipiente.

Questão 99

UnB 1/94

Examine a tabela seguinte, com dados sobre a solubilidade da sacarose ($C_{12}H_{22}O_{11}$), do sulfato de sódio (Na_2SO_4) e do clorato de potássio (($KClO_3$) em água a duas temperaturas diferentes e Julgue os itens seguintes.

Substância	Solubilidade em água(g/l)	
	40 °C	60 °C
$C_{12}H_{22}O_{11}$	2381	2873
Na_2SO_4	488	453
$KClO_3$	12	22

(0) A solubilidade de uma substância em determinado solvente independe da temperatura.
(1) Uma solução aquosa de sulfato de sódio, de concentração 488 g/L, deixa de ser saturada, quando aquecida a 60 °C.
(2) A uma dada temperatura, a quantidade limite de um soluto que se dissolve em determinado volume de solvente é conhecida como solubilidade.
(3) Nem todas as substâncias são mais solúveis a quente.

Questão 100

UnB 1/91

Os compartimentos A, B e C são iguais e separados por uma membrana permeável ao solvente. Em um dos compartimentos colocou-se água destilada e nos outros igual volume de solução de cloreto de sódio (sistema I).

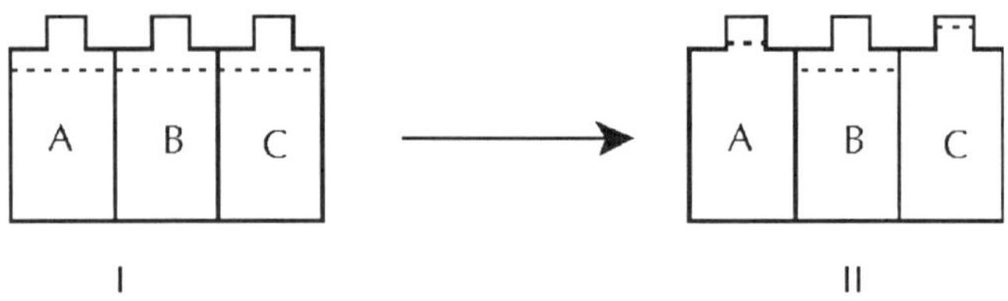

Após algum tempo os volumes iniciais se modificaram como ilustrado no sistema II. Use estas informações e outras que forem necessárias para julgar os itens.

(0) A alteração de volume se deve à osmose.
(1) A concentração inicial das soluções é a mesma.
(2) A água destilada foi colocada no compartimento B.
(3) A pressão osmótica em A é maior que em C.
(4) As soluções têm mesma pressão de vapor, a uma dada temperatura.

Questão 101

Considere o seguinte sistema sob temperatura constante.

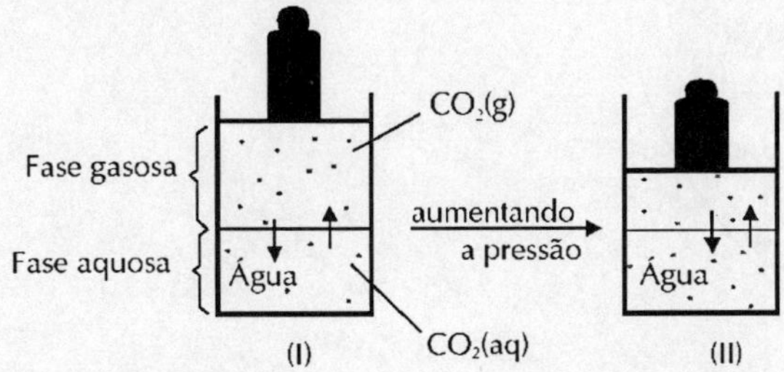

A solubilidade do gás CO_2 em água pode ser representada pelos seguintes processos:

$CO_2(g) \rightarrow CO_2\ (aq)$

$CO_2(aq) + H_2O(l) \rightarrow H^+(aq) + HCO^-_3\ (aq)$

Julgue os itens abaixo.

(0) O aumento de pressão produz um aumento de quantidade de CO_2 dissolvido na água, provocando, com isto, a redução do pH.

(1) Os refrigerantes contêm gás carbônico em solução aquosa. Nas fábricas, o CO_2(g) é dissolvido em bebidas refrigerantes, a alta pressão.

(2) O aumento de temperatura aumenta a solubilidade de CO_2 na água.

(3) A influência da pressão no estudo da solubilidade de gases em líquidos é estabelecida pela lei de Henry.

Questão 102

UnB 2/94

O gráfico abaixo mostra o diagrama de fases para água.

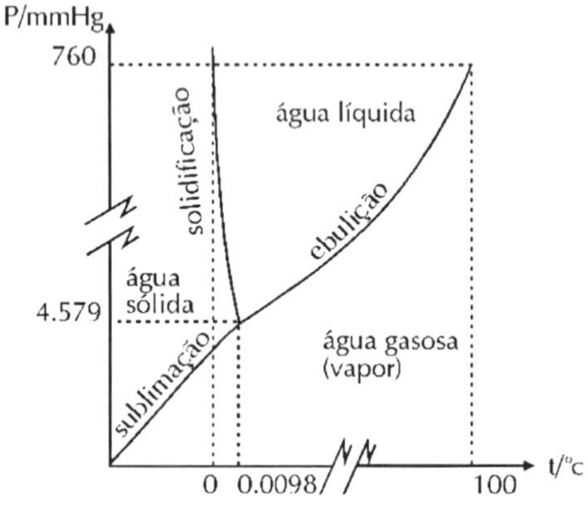

Julgue os itens seguintes.

(0) No ponto triplo, as fases da água – sólida, liquida e gasosa – coexistem em equilíbrio.

(1) Para pressões abaixo de 4,579 mmHg e para temperaturas superiores a 0,01 °C, a água encontra-se na fase líquida.

(2) O aumento da temperatura acarreta a diminuição na pressão de vapor da água.

(3) A vaporização é um processo exotérmico.

(4) Em madrugadas frias, o vapor d'água presente na atmosfera liquefaz-se, formando gotículas de água que constituem o orvalho. Na transformação de vapor d'água em orvalho, ocorre formação de ligações intermoleculares.

Questão 103

UnB 1/91

Para sua completa neutralização, uma amostra de vinagre (5,0ml) consumiu 25ml de uma solução que contém 0,20mol/l de NaOH. Supondo que o único componente ácido do vinagre seja o ácido acético (CH_3COOH), calcule a massa (em gramas) do ácido, contida em um litro de vinagre.

Dados: M(NaOH) = 40 g/mol

M(CH_3COOH) = 60g/mol.

Questão 104

UnB 2/94

A água potável, próprio para o consumo humano, contém muitas substâncias dissolvidas, principalmente sais minerais. Uma amostra de água mineral apresenta a seguinte composição de sais, dada em miligramas por litros (mg/L).

Bicarbonato de bário	0,04 mg/L
Bicarbonato de cálcio	23.20 mg/L
Bicarbonato de magnésio	15,30 mg/L
Bicarbonato de potássio	10,20 mg/L
Bicarbonato de sódio	17,50 mg/L
Nitrato de sódio	14,10 mg/L
Cloreto de sódio	7,60 mg/L
Fluoreto de sódio	0,80 mg/L

Julgue os itens.

(0) As concentrações estão expressas como concentração em massa.
(1) A fórmula do íon bicarbonato é CO^{-2}_{3}.
(2) Um recipiente com 10L desta água conterá 0,225g de sais de sódio.

Questão 105

UnB 1/94

Calcule o volume, em litros de uma solução aquosa de ácido clorídrico de concentração 1,00 mol/L necessário para neutralizar 20,0mL de uma solução aquosa de hidróxido de sódio de concentração 3,00mol/L. Multiplique o resultado obtido por 100.

Questão 106

UnB 2/95

Um auxiliar de laboratório encontrou, em uma bancada, um frasco com o rótulo "óleo de vitriol". Esclarecido pelo químico responsável pelo laboratório, o auxiliar foi informado de que se tratava de ácido sulfúrico (H_2SO_4). Uma amostra de 50mL do ácido foi então analisada por meio de um procedimento conhecido como titulação. O químico utilizou 800mL de uma solução de hidróxido de sódio (NaOH) 0,5 mol/L para neutralizar toda a amostra tomada. Calcule a concentração em quantidade de matéria relativa à solução de ácido contida no frasco. Dê a sua resposta em mol/L, desconsiderando a parte fracionária do resultado, caso exista.

Reação da titulação:

$H_2SO_4 + 2NaOH \rightarrow Na_2SO_4 + 2H_2O$

Questão 107

UnB 2/95

É possível separar substâncias utilizando-se a diferença de solubilidade existente entre elas e a variação desta propriedade física com a temperatura. Esta operação denomina-se recristalização ou, às vezes, simplesmente cristalização. Trata-se, em geral, de dissolver a substância ou mistura de substâncias em um solvente adequado a uma temperatura elevada que não ultrapasse a temperatura de ebulição do solvente. Em seguida, por resfriamento, a substância menos solúvel recristaliza-se, isto é, volta a ser insolúvel. Com base nisso, julgue os itens abaixo.

(0) A solubilidade é uma propriedade diretamente proporcional à temperatura.
(1) A obtenção do açúcar cristal ou do açúcar refinado a partir do açúcar mascavo é feita por cristalização.
(2) A temperatura de ebulição de um solvente é uma constante física que independe do local onde se realiza o processo de recristalização.
(3) A água, considerada solvente universal, sofre diminuição de volume ao ser congelada.

Questão 108

UnB 1/95

Julgue os itens abaixo.
(0) **Massa molar** de uma substância é expressão que se refere à massa por unidade de quantidade de matéria da substância.
(1) **Volume molar** é a expressão que se refere à quantidade de matéria (mol) presente em 1(um) litro de determinada substância.
(2) O sódio deve ser guardado imerso em água para se evitar explosão.
(3) O sulfato de cálcio di-hidratado ($CaSO_4 . 2H_2O$), mineral conhecido como gesso, existe em grandes depósitos em diferentes partes do mundo.
(4) As grandezas **raio atômico** e **potencial de ionização** são diretamente proporcionais.

Propriedades Coligativas

Questão 109

UnB 1/92

Em regiões de clima muito frio é comum a adição de substâncias não voláteis na água que refrigera os motores dos automóveis.

Julgue os itens seguintes.
(0) A adição de substâncias torna a temperatura de ebulição da solução mais baixa que a da água pura.
(1) A adição de substâncias torna a temperatura de congelação da solução mais baixa que a da água pura.
(2) A adição de substâncias não altera a temperatura de ebulição da água que é sempre de 100 °C (à pressão de uma atmosfera).
(3) A adição de substâncias à água reduz a sua pressão de vapor a uma dada temperatura.

Cinética Química

Questão 110

UnB 1/90

Fornecidos os dados abaixo sobre a reação A + B + D $\rightarrow$ E, a saber:

Mecanismo da reação

etapa I: A + B $\rightarrow$ C

etapa II: C + D $\rightarrow$ E

A + B + C $\rightarrow$ E

Caminho energético da Reação

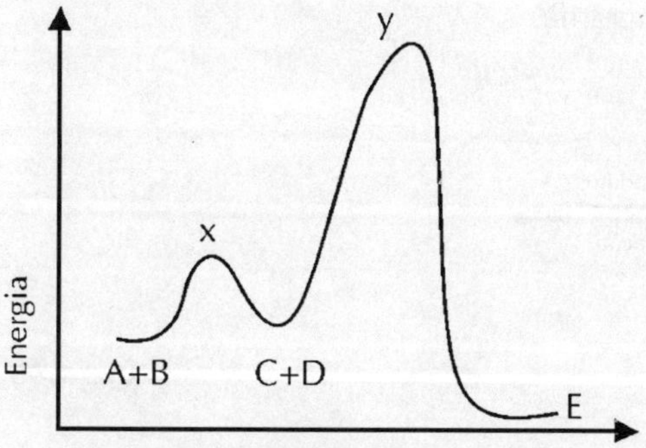

Coordenada de Reação

Julgue os itens a seguir.

(0) No gráfico , as espécies representadas por X e Y são denominadas complexos ativados.
(1) A espécie **C** é um catalisador da reação.
(2) A velocidade total da reação é determinada pela etapa II.
(3) A energia de ativação da etapa I é dada pela diferença de energia entre **X** e os reagentes **A** e **B**.
(4) Pela análise do gráfico podemos concluir que para **a reação inversa** a etapa mais lenta é C + D $\rightarrow$ A + B.
(5) A reação inversa E $\rightarrow$ A+ B + D é exotérmica.

Questão 111

UnB 2/90

A adição de HCl ao eteno ocorre em duas etapas e é um processo exotérmico:
(a) $H^+ + CH_2 = CH_2 \rightarrow CH_3CH^+$ (Lenta)
(b) $CH_3CH^+ + Cl^- \rightarrow CH_3CH_2Cl$ (Rápida)

Julgue os itens abaixo.

(0) A energia de ativação da etapa (a) é menor que a da etapa (b).
(1) A cada colisão de H^+ e $CH_2 = CH_2$ corresponde a formação de $CH_3CH_2^+$.
(2) Aumentando-se a concentração de $CH_2 = CH_2$ aumenta-se a velocidade de reação.
(3) A velocidade da reação é determinada pela etapa (a).
(4) A reação pode ser representada pelo seguinte diagrama.

Questão 112

UnB 1/95

Um estudante mediu o tempo para o término da dissolução de comprimidos efervescentes em quatro testes realizados, nas condições especificadas na tabela abaixo. Analise os resultados obtidos e mostrados na tabela.

Teste	Condições do comprimido	Condições de temperatura	Tempo de dissolução
I	inteiro	temperatura ambiente	36s
II	inteiro	gelada	45s
III	inteiro	quente	27s
IV	triturado	temperatura ambiente	13s

Julgue os itens abaixo.

(0) O número de colisões efetivas por segundo entre as partículas dos reagentes foi maior no teste II.
(1) No teste III, a velocidade da reação foi maior do que nos testes anteriores, devido à diminuição da energia cinética das partículas dos reagentes.
(2) Segundo os dados da tabela, uma indústria química poderia aumentar a sua produção diária, usando sistemas de refrigeração nos seus reatores (tanques em que se processam as reações).
(3) Segundo os dados da tabela, provavelmente os bombeiros teriam mais dificuldade em apagar um incêndio em um depósito de papel picado do que em um depósito de papel armazenado em fardos, em idênticas condições de pronto atendimento.

Termoquímica

Questão 113

UnB 1/90

Apesar de ser um composto mais tóxico e mais volátil que o etanol, o metanol está sendo importado pelo Brasil e utilizado como combustível em mistura com o álcool e a gasolina. A queima do metanol é representada pela equação $CH_3OH(g) + 3/2\ O_2(g) \rightarrow CO_2(g) + 2H_2O(g)$

Julgue os itens a seguir.

(0) A quantidade de energia armazenada nas ligações dos reagentes é maior do que nas dos produtos.
(1) Dobrando as quantidades dos reagentes neste processo, o ΔH não se alterará, porque é uma constante.
(2) Durante este processo, há tanto quebra como formação de ligações O-H.
(3) A energia de uma ligação dupla carbono – oxigênio formada durante este processo é menor que a de uma ligação simples carbono – oxigênio.
(4) O ΔH desta reação é denominado calor de combustão do metanol.
(5) A reação inversa: $CO_2(g) + 2H_2O(g) \rightarrow 3/2\ O_2(g) + CH_3OH(g)$ é endotérmica.

Questão 114

UnB 1/95

O calor liberado na queima de um mol de uma substância combustível, em condições estabelecidas, é chamado de **calor molar de combustão** e a quantidade de calor liberada por unidade de massa da substância combustível é chamada de poder calorífico. Analise os dados da tabela abaixo.

substância	**calor molar de combustão (KJ/mol)**	**poder calorífico (KJ/Kg)**
hidrogênio	285,5	142 750
butano	2878,6	49 631

Julgue os itens a seguir.

(0) Na combustão de 1 kg de butano, é obtida uma quantidade de calor menor do que na combustão de 1 kg de gás hidrogênio (H_2).
(1) O gás hidrogênio (H_2) não é considerado um bom combustível em função do seu **poder calorífico.**
(2) Na combustão dessas substâncias, a energia liberada na formação das ligações dos produtos é menor que a energia absorvida na ruptura das ligações dos reagentes.
(3) A soma das energias de ligação do butano é maior do que a do hidrogênio.

Questão 115

UnB 1/93

Considere o seguinte diagrama de energia, que mostra a transformação de reagentes em produtos e a formação de complexo ativado.

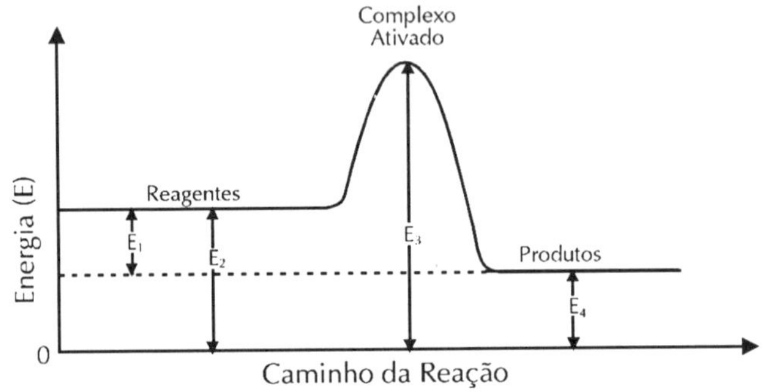

Julgue os itens.

(0) A reação é exotérmica.
(1) A energia de ativação da reação inversa é dada por $\Delta E_{at} = E_3 - E_4$.
(2) E_3 representa o calor da reação: reagentes $\rightarrow$ produtos.
(3) E_1 representa a energia dos reagentes.
(4) A presença de um catalisador permite que a reação se processe por um mecanismo que envolve menor energia de ativação.

Questão 116

UnB 2/93

Julgue os itens.

(0) A lei de Hess postula que se uma reação química pode ser expressa como a soma de outras reações, seu ΔH corresponde à soma dos ΔH das reações que constituem as várias etapas.
(1) A reação C_2H_5OH (l) + $3O_2$ (g) $\rightarrow$ $3H_2O$ (l) + $2CO_2$ (g) ($\Delta H < O$) pode ser usada como fonte de energia térmica.
(2) A fotossíntese é um exemplo de processo exotérmico.
(3) A energia envolvida na reação CO (g) + 1/2 O_2 (g) $\rightarrow$ CO_2 (g) é denominada calor de formação do CO_2(g).
(4) Conhecendo-se o calor de formação da água nas fases líquida e gasosa, é possível calcular o ΔH para o processo H_2O (l) $\rightarrow$ H_2O (g).
(5) A ruptura de ligações químicas é um processo endotérmico e a formação das mesmas é um processo exotérmico.
(6) A energia de uma ligação simples Carbono – Carbono (C – C) é menor do que uma ligação dupla Carbono – Carbono (C = C).

Questão 117

UnB 2/92

A energia de ligação é a quantidade de energia necessária para quebrar um mol de uma dada ligação. Então, por energia de ligação entende-se a variação de entalpia, ΔH, usada para romper um mol de ligações. Por exemplo, na reação, 25 °C representada pela equação.
$CH_4(g) \rightarrow C(g) + 4H(g)$; ΔH = 1664 kJ/mol, são quebrados 4 mols de ligações C – H, sendo a energia de ligação, portanto, 416 kj/mol. Ao passo que na reação:
$C_2H_6(g) \rightarrow 2C(g) + 6H(g)$; ΔH = 2826 kJ/mol, também a 25°C, são quebradas as ligações C – H e C – C.

Com base nestas informações, julgue os itens.

(0) O valor da energia de ligação C – C, a 25 °C é 330 kj/mol.
(1) Ambas reações citadas acima são exotérmicas.
(2) ΔH = -2826 kJ/mol não corresponde à variação de entalpia de formação de um mol de $C_2H_6(g)$, a 25 °C.
(3) No processo $C_2H_6(g) \rightarrow 2C(g) + 6H(g)$ são quebradas 6 ligações C – H e 2 ligações C – C.
(4) Para romper as ligações de 1/2 mol de $C_2H_6(g)$ são necessárias 1413 kJ.

Questão 118

UnB 2/91

Dadas as informações:

a) $C_2H_5OH(l) + 3O_2(g) \rightarrow 2CO_2(g) + 3H_2O(l)$ $\Delta H^o_a < 0$.

b) $C(s) + O_2(g) \rightarrow CO_2(g)$ $\Delta H^o_b < 0$.

c) $H_2O(l) \rightarrow H_2(g) + 1/2\ O_2(g)$ $\Delta H^o_c > 0$

Julgue os itens.

(0) Nos processos a e b houve absorção de calor.
(1) No processo c ocorreu uma mudança de estado.
(2) O ΔH° do processo $C(s) + 1/2O_2(g) \rightarrow CO(g) \xrightarrow{1/2O_2(g)} CO_2(g)$ é maior que ΔH^o_b.

(3) Conhecendo-se os valores de ΔH^o_a, ΔH^o_b e ΔH^o_c é possível calcular o calor de formação de C_2H_5OH.

(4) A reação **c**, quando é catalisada, apresenta um $\Delta H^o = \Delta H^o_c$.

Questão 119

UnB 1/91

O teste do bafômetro, usado para detectar embriaguez em motoristas, baseia-se na reação química descrita pela equação abaixo.

$$3\,CH_3CH_2OH + 8H_2SO_4 + \underbrace{2K_2Cr_2O_7}_{\text{reagente de cor amarelo alaranjado}} \rightarrow 3CH_3COOH + 2K_2SO_4 + \underbrace{2Cr_2(SO_4)_3}_{\text{produto de cor violeta}} + 11H_2O$$

Caso o motorista tenha ingerido bebidas alcoólicas, o etanol contido em seu hálito reage, causando uma mudança de cor na solução e liberação de calor.

Julgue os itens.
(0) A entalpia dos produtos é maior que a dos reagentes.
(1) O nome do reagente de cor amarelo-alaranjado é dicromato de potássio.
(2) O nome do produto de cor violeta é sulfato de cromo (VI).
(3) O ácido sulfúrico é o agente oxidante.

Questão 120

UnB 1/92

Analise o diagrama apresentado e julgue os itens.

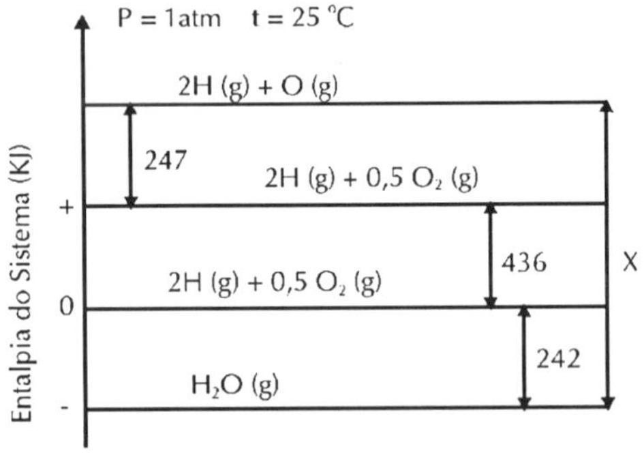

(0) A reação $H_2(g) + 0{,}5O_2 \rightarrow H_2O(g)$ pode ser usada como fonte de calor.
(1) A energia necessária para romper a ligação H–H é 436 Kj/mol.
(2) No processo $O(g) \rightarrow 0{,}5O_2(g)$, há absorção de 247Kj.
(3) A reação $H_2O(g) \rightarrow 2H(g) + O(g)$ é exotérmica.
(4) Na formação da ligação O–H há liberação de $\frac{X}{2}$ Kj/mol.
(5) Pela lei de Hess é possível calcular o valor de X.

Questão 121

UnB 1/94

Cada uma das reações abaixo libera energia:

C (grafita) + $1/2O_2$ (g) → CO(g); ΔH_1 (1)

Sn (s) + O_2 (g) → SnO_2 (s), ΔH_2 (2)

Sabendo-se que ΔH_1 e ΔH_2 são as entalpias de reação para os processos (1) e (2), respectivamente, s = fase sólida, g = fase gasosa e grafita = forma alotrópica do carbono, julgue os itens seguintes.

(0) Os reagentes envolvidos na reação (2) são as substâncias simples mais estáveis dos elementos estanho e oxigênio.
(1) As quantidades ΔH_1 e ΔH_2 são conhecidas como variação de entalpia de formação de CO(g) e SnO_2(s), respectivamente.
(2) ΔH_2 é maior que zero.
(3) A variação de entalpia de formação de O_2(g) a 25 °C e 1 atm, por definição, é diferente de zero.
(4) O processo (2) é um exemplo de reação de combustão.

Questão 122

UnB 2/95

A energia elétrica pode ser gerada por meio de usinas termelétricas, as quais produzem energia elétrica a partir de energia térmica . Abaixo são apresentadas equações de duas fontes diferentes de energia térmica que podem ser utilizadas tecnologicamente na obtenção de energia elétrica.

I - C(s) + O_2(g) → CO_2(g) ΔH = -393 kJ/mol C(s)

II - ${}^{1}_{0}n + {}^{235}_{92}U \rightarrow {}^{92}_{36}Kr + {}^{141}_{56}Ba + 3\,{}^{1}_{0}n$ $\Delta H = -1{,}9 \times 10^{10}$ kJ/mol ${}^{235}U$

Analise tais equações e julgue os itens a seguir.

(0) A variação de entalpia da equação I pode ser aumentada, se a mesma reação for desenvolvida em mais de uma etapa.
(1) A equação II representa uma transformação química.
(2) As espécies de início dessas reações possuem uma quantidade de energia armazenada menor do que espécies obtidas no final do processo.
(3) A decisão da escolha da melhor opção tecnológica entre os dois processos não pode ser feita simplesmente a partir dos valores de ΔH das reações acima.

Eletroquímica

Questão 123

UnB 2/90

Usando a tabela de potenciais

					E^o(volt)
Ba^{2+}	+	$2e^-$	→	Ba	– 2,90 v
Na^+	+	$2e^-$	→	Na	– 2,71 v
Al^{3+}	+	$3e^-$	→	Al	– 1,67 v
Cr^{3+}	+	$3e^-$	→	Cr	– 0,74 v
Sn^{2+}	+	$2e^-$	→	Sn	– 0,14 v
Br_2	+	$2e^-$	→	$2Br^-$	+ 1,07 v
Au^{3+}	+	$3e^-$	→	Au	+ 1,42 v
F_2	+	$2e^-$	→	$2F^-$	+ 2,87 v

Julgue os itens abaixo.

(0) A reação $Sn(s) + Al^{3+}(aq) \rightarrow Sn^{2+}(aq) + Al(s)$ é espontânea.
(1) O sódio é melhor redutor que o alumínio.
(2) O bromo é melhor oxidante que o flúor.
(3) Na eletrólise, a mesma quantidade de eletricidade reduzirá a igual número de íons de bário e de sódio.
(4) Br_2 e F_2 têm o mesmo número de oxidação.
(5) Para a pilha Cr //Cr^{3+}(aq) //Au^{3+}(aq) //Au o potencial ΔE^o = 2,16V.

Questão 124

UnB 2/96

O juiz e cientista inglês William Groge construiu, em 1839, a primeira célula (ou pilha) de combustível, que é um dispositivo eletroquímico em que os reagentes não fazem parte da sua construção. Um exemplo de pilha de combustível é aquela alimentada por hidrogênio e o oxigênio gasosos. Atualmente, existem algumas células que usam combustíveis comuns, sem produzirem óxido de nitrogênio ou de enxofre. Como são muito mais eficientes que os motores de combustão, as células de combustível geram menos dióxido de carbono.

Com o auxílio das informações contidas no texto acima, julgue os itens seguintes.

(0) A vantagem ecológica da célula de combustível reside na não-produção de óxidos de enxofre e de nitrogênio que, em contato com a água da chuva, produzem ácidos, originando o fenômeno conhecido como **chuva ácida.**
(1) O fato de as células de combustível gerarem muito menos dióxido de carbono torna-as um dispositivo que pode contribuir para a diminuição do efeito estufa.
(2) A geração de eletricidade em uma bateria é denominada **eletrólise ígnea.**
(3) A bateria utilizada nos automóveis atuais consiste em uma associação de pilhas eletroquímicas.

Questão 125

UnB 1/94

Considerando-se o esquema de uma pilha e os dados de potenciais padrões de eletrodos (E) abaixo, julgue os itens seguintes.

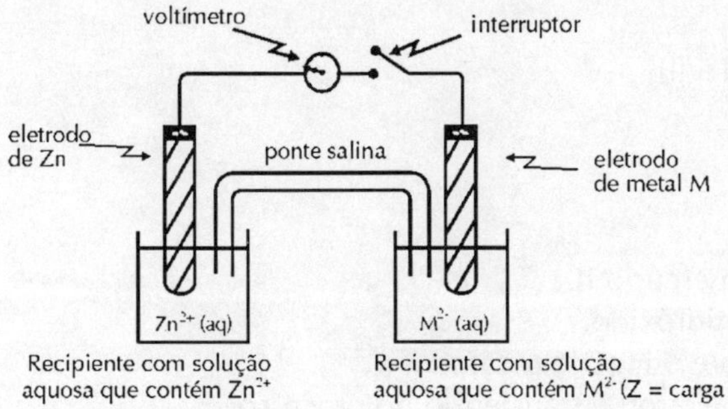

Semi-reação	E°/Volt
$Na^+(aq) + e^- \rightleftharpoons Na(s)$	-2,714
$Al^{3+}(aq) + 3e^- \rightleftharpoons Al(s)$	-1,67
$Zn^{2+}(aq) + 2e^- \rightleftharpoons Zn(s)$	-0,763
$H^+(aq) + e^- \rightleftharpoons 1/2H_2(g)$	0,00
$Cu^{2+}(aq) + 2e^- \rightleftharpoons Cu(s)$	+0,337
$Ag^+(aq) + e^- \rightleftharpoons Ag(s)$	+0,80

(0) Quando M = Cu(s), a reação total de pilha é:
$Cu^{2+}(aq) + Zn(s) \rightarrow Cu(s) + Zn^{+2}(aq)$, e o íon cúprico é o agente oxidante.
(1) Quando M = Ag(s), os elétrons migram do eletrodo de prata para o eletrodo de zinco.
(2) Para M = Cu(s), o eletrodo de cobre é o cátodo (pólo positivo) e o zinco é o ânodo (pólo negativo).
(3) Uma reação de óxido-redução é espontânea, se o seu potencial total (reação da pilha) for menor que zero.
(4) Para os dados aqui fornecidos, a maior voltagem dessa pilha será obtida quando o eletrodo de zinco for substituído pelo de sódio e M = Ag(s).
(5) Diz-se que uma espécie química sofre "oxidação" quando recebe elétrons; e sofre "redução" quando cede elétrons.
(6) O potencial padrão de eletrodo (E°) da semi-reação: $Ag(aq) + e^-$ foi escolhido como padrão de referência para se obter o E° para todas as outras semi-reações.
(7) Por convenção, considera-se o potencial de reação total da pilha [E°(pilha)] como sendo a diferença : E° (pilha) = E° (cátodo) - E° (ânodo) em que E° (cátodo) e E°(ânodo) são os potenciais padrões de redução do cátodo e do ânodo, respectivamente.

Questão 126

UnB 2/93

Por meio de um teste simples, constatou-se que uma amostra de um certo material estava contaminada com sal de mercúrio (II) (Hg^{2+}). O teste foi realizado da seguinte maneira: misturou-se uma pequena quantidade da amostra com água e introduziu-se na mistura um fio de cobre polido, que ficou revestido por uma camada muito fina de mercúrio metálico (Hg^o).

Julgue os itens.

(0) O teste não envolve fundamentos de eletroquímica.
(1) A reação química que ocorreu pode ser representada pela equação:
$Hg^{2+}(aq) + Cu^o(s) \rightarrow Hg^o(l) + Cu^{2+}(aq)$.
(2) O cátion Hg^{2+} sofreu redução e é, portanto, o agente oxidante.
(3) O mercúrio metálico é um líquido prateado, denso e venenoso.

Questão 127

UnB 2/92

O marcapasso é uma pequena bateria colocada sob a pele de pessoas com certos tipos de problemas cardíacos. Esta pilha eletroquímica libera pulsos que regulam as batidas do coração. A reação responsável pela produção de corrente elétrica é:

$HgO\ (s) + Zn(s) + H_2O\ (l) \rightarrow Zn(OH)_2\ (aq) + Hg(l)$

Julgue os itens.

(0) O HgO é o agente redutor.
(1) O nome da substância HgO é óxido de mercúrio II.
(2) A substância $Zn(OH)_2$ pertence à função hidróxido.
(3) Nesta pilha eletroquímica o Zn é o ânodo e o HgO é o cátodo.
(4) Para cada átomo de zinco que reage, um elétron é transferido no processo.

Questão 128

UnB 1/93

Com o objetivo de montar uma pilha, um estudante colocou uma placa de cromo dentro de um béquer contendo solução 1 M de nitrato de cromo, $Cr(NO_3)_3$. Em outro béquer, contendo solução 1 M de nitrato de cobre, $Cu(NO_3)_2$, ele colocou uma placa de cobre. Os eletrodos foram ligados como se vê no diagrama abaixo. As soluções foram unidas por uma ponte salina.

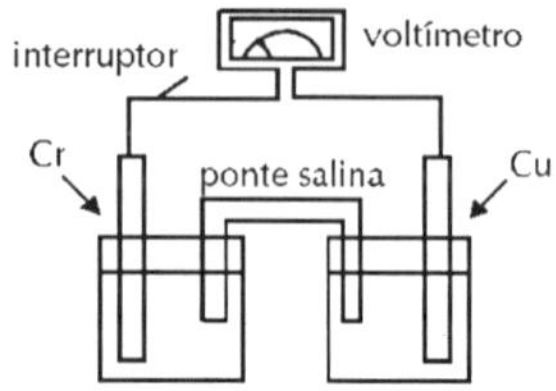

solução de $Cr(NO_3)_3$ 1M   solução de $Cu(NO_3)_2$ 1M

Potenciais Padrões de Eletrodos

Semi-reação			E° (volts)
$Cr^{+3} + 3e^-$	→	Cr	– 0,74
$Cu^{+2} + 2e^-$	→	Cu	– 0,34

Julgue os itens abaixo.

(0) Quando o circuito é fechado, ocorre redução no eletrodo de cromo.
(1) Os elétrons fluem pelo circuito externo (fios de Medidor), do eletrodo de cromo para o eletrodo de cobre.
(2) O eletrodo de cromo apresentará um acréscimo de massa depois de algum tempo de funcionamento da pilha.
(3) Se a ponte salina for removida, a voltagem aumentará.

Questão 129

UnB 2/94

As pilhas vendidas no comércio para uso em lanternas, rádios e outros aparelhos elétricos constituem-se fundamentalmente de uma cápsula de zinco, uma solução aquosa de eletrólitos ($ZnCl_2$ + NH_4Cl), dióxido de manganês e um bastão de grafita. A figura abaixo representa um corte longitudinal de uma pilha de manganês.

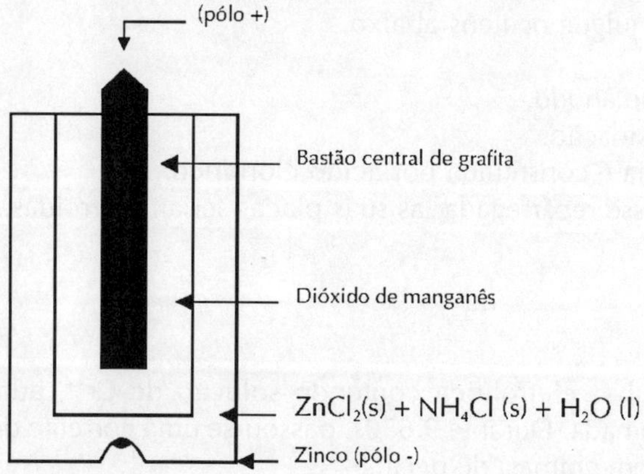

Durante o funcionamento desta pilha, ocorrem as seguintes reações:
no ânodo: $Zn(s) = Zn^{2+}(aq) + 2e^-$
no cátodo: $2MnO_2(s) + 2NH_4^+(aq) + 2e^- = Mn_2O_3(s) + 2NH_3(aq) + H_2O(l)$
Julgue os itens que se seguem.

(0) Mn^{4+} é o agente redutor.
(1) Durante o funcionamento desta pilha, o fluxo de elétrons ocorre no sentido grafita → Zinco.
(2) A reação total da pilha é: $Zn(s) + Mn_2O_3(s) + 2NH_3(aq) + H_2O(l) = Zn^{+2}(aq) + 2MnO_2(s) + 2NH_4^+ + 4e^-$.
(3) A quantidade de Zn^{2+} diminui, durante o funcionamento da pilha.
(4) A pilha cessará seu funcionamento, quando o MnO_2 for totalmente consumido.

Questão 130

UnB 1/96

Em um experimento, realizado para se compreender a teoria da eletrodeposição, foi colocado um prego de ferro em uma solução de sulfato de cobre II. Sabendo-se que:
$Cu^{2+} + 2e^- \rightarrow Cu$, E°= -0,3448 V,
$Fe^{2+} + 2e^- \rightarrow Fe$, E° = -0,4400 V.
Julgue os itens abaixo.

(0) A fórmula do sulfato de cobre II é Cu_2SO_4.
(1) O cobre metálico deposita-se espontaneamente sobre o prego.
(2) A semi-reação que representa o que ocorreu com o ferro é:
$Fe \rightarrow Fe^{2+} + 2e^-$, E° = + 0,4400 V.
(3) A deposição de ferro metálico sobre um objeto de cobre só ocorre com o fornecimento externo de energia elétrica.

Questão 131

UnB 2/95

As baterias dos automóveis são pilhas eletroquímicas. Abaixo são apresentadas as reações dos eletrodos deste tipo de pilha.

I - $Pb(s) + HSO_4^- (aq) \rightleftharpoons PbSO_4 (s) + H^+ (aq) + 2e^-$

II - $PbO_2 (s) + HSO_4^- (aq) + 3H^+ (aq) + 2e^- \rightleftharpoons PbSO_4 (s) + 2H_2O (l)$

Analise tais reações e julgue os itens abaixo.

(0) A reação I ocorre no ânodo.
(1) A reação II é de oxidação.
(2) A solução de bateria é constituída por ácido clorídrico.
(3) Se a bateria não fosse recarregada, as suas placas seriam corroídas.

Questão 132

UnB 2/91

No cátodo de uma cuba eletrolítica contendo solução de Cr^{3+}, adaptou-se uma peça de automóvel para ser cromada. Durante 9.650s, passou-se uma corrente de três ampères. Calcule o aumento da massa (em gramas) de peça:

Dados: M(Cr) = 52g/mol.
F = 96.000C/mol.

Observação: Multiplique por 10 o valor encontrado.

Radioatividade

Questão 133

UnB 1/95

A compreensão dos processos nucleares é fundamental para que se possa opinar sobre o programa nuclear brasileiro. Com base nesta afirmativa, julgue os itens abaixo.

(0) A maior dificuldade na usina de Angra dos Reis é o controle da reação química de fissão do urânio.
(1) A necessidade de se armazenar o lixo atômico por muito tempo deve-se ao fato de a meia-vida de muitos dos seus nuclídeos ser bastante elevada.
(2) Na usina nuclear, ocorre transmutação de nuclídeos.
(3) As usinas termonucleares têm como finalidade a produção de bombas de hidrogênio.

Questão 134

UnB 2/96

O radônio é o gás que ocorre em menor proporção na atmosfera. É radioativo e um dos seus isótopos decai (com meia-vida de 3,8 dias) conforme a seguinte equação nuclear:

$$^{222}_{86}X \rightarrow\ ^{218}_{84}Po + \text{partícula } \alpha$$

Com o auxílio das informações acima, julgue os itens que se seguem.

(0) O símbolo químico do radônio é Ra.

(1) O tempo necessário para que toda a amostra de radônio se transforme em polônio é de 3,8 dias.

(2) A partícula α é idêntica ao núcleo de um átomo de $^{4}_{2}He$.

(3) O número atômico e o número de massa de radônio são, respectivamente, 222 e 86.

(4) O processo descrito na equação ocorre na eletrosfera do radônio.

Questão 135

UnB 2/94

Na região de Poços de Caldas, MG, há jazidas naturais de minérios contendo urânio 238. Este radionuclídeo decai segundo a seguinte seqüência:

$$^{238}_{92}U \xrightarrow{(1)}\ ^{234}_{90}Th \xrightarrow{(2)}\ ^{234}_{91}Pa \cdots\cdots\cdots\ ^{210}_{84}Po \xrightarrow{(3)}\ ^{206}_{82}Pb$$

julgue os itens que se seguem.

(0) Os processos (1) e (3) correspondem à emissão de partículas alfa.

(1) O processo (2) corresponde à emissão de radiação gama.

(2) A notação $^{206}_{82}Pb$ representa o nuclídeo do chumbo de número de massa 206 e de número atômico 82.

Questão 136

UnB 1/90

Analise os dados e julgue os itens abaixo.

TUBOS	CONTEÚDO	CONCENTRAÇÃO DAS SOLUÇÕES
a	10,0 ml de solução Aquosa de HCl	1,0 mol/litro
b	Água destilada	
c	1,0 ml de solução aquosa de NaOH	0,1 mol/litro

(0) Em todos os tubos ocorre o equilíbrio $H_2O = H^+(aq) + OH^-(aq)$.
(1) No tubo **a** $[H^+] = [OH^-]$.
(2) Nos tubos **a** e **b,** o equilíbrio: $H_2O = H^+ (aq) + OH^- (aq)$ acha-se igualmente deslocado para a esquerda.
(3) O pH da solução do tubo **c** é 13.
(4) Transferindo-se 1,0 ml da solução do tubo **a** para o tubo **b**, de modo a se obter 10,0 ml de solução final, sua concentração será de 0,1 mol/litro.
(5) Transferindo-se 1,0 ml de solução do tubo **a** para o tubo **c**, obtém-se uma solução de pH maior que sete.

Questão 137

UnB 2/90

Para a reação em equilíbrio:
$H_2O(g) + C(s) \rightleftharpoons CO(g) + H_2(g)$ $\Delta H = +130 kJ/mol$

A partir dos dados, julgue os itens abaixo.

(0) Um aumento de pressão favorece a formação de CO e H_2.
(1) Para a reação, a expressão da constante de equilíbrio é $K = \frac{[CO][H_2]}{[H_2O]}$.
(2) O diagrama de energia para a reação é:

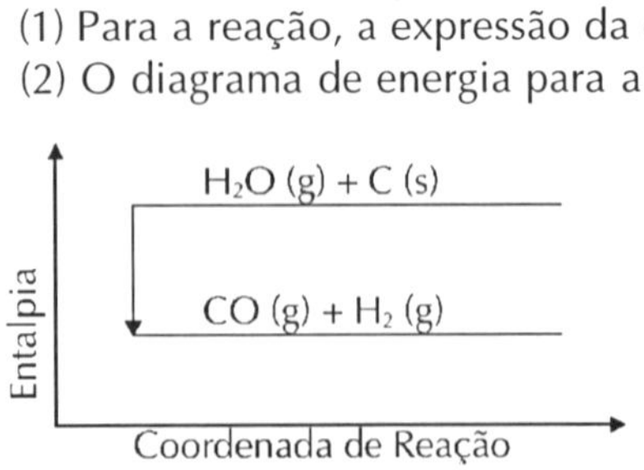

(3) Para a reação $CO(g) + H_2(g) \rightleftharpoons C(s) + H_2O(g)$, os produtos têm mais energia que os reagentes.
(4) A adição de C(s) ao sistema, à mesma temperatura de equilíbrio, não aumenta a formação dos produtos.

Questão 138

UnB 1/95

Abaixo são apresentadas a equação química da síntese da amônia na indústria, a relação da constante de equilíbrio (Kc) e os seus valores determinados experimentalmente. Analise esses dados.

$$N_{2(g)} + 3\ H_{2(g)} \rightleftharpoons 2\ NH_{3(g)}$$

$$\Delta H = -46\ KJ/mol\ NH_3$$

Temperatura (ºC)	kc (L/mol)²
25	$5{,}0 \times 10^{8}$
500	$6{,}0 \times 10^{-2}$
1000	$2{,}4 \times 10^{-3}$

$$Kc = \frac{[NH_3]^2}{[N_2]x[H_2]}$$

Julgue os itens a seguir.

(0) Na reação em questão, os reagentes não são totalmente transformados em amônia.

(1) No estado de equilíbrio, em um sistema fechado, estão presentes a amônia (NH_3) ou os gases hidrogênio (H_2) e nitrogênio (N_2).

(2) Analisando os valores de Kc da tabela, conclui-se que o rendimento da reação na indústria será maior na temperatura de 25 ºC do que na temperatura de 1000 ºC.

(3) A uma mesma temperatura, o aumento na concentração dos gases hidrogênio (H_2) e nitrogênio (N_2) alterará a concentração da amônia (NH_3) no novo estado de equilíbrio, sem alterar o valor de Kc.

Questão 139

UnB 2/96

No processo de respiração, uma das principais funções da hemoglobina (Hb) do sangue é o transporte de oxigênio dos pulmões às células do organismo dos vertebrados. O transporte é feito por meio da interação da hemoglobina com o oxigênio do ar inspirado, que forma o complexo denominado **oxiemoglobina**. Ao chegar às células do organismo, o oxigênio é liberado e o sangue arterial transforma-se em venoso, deixando a hemoglobina novamente livre para ser reutilizada no transporte do oxigênio, conforme representado na equação abaixo.

$$Hb + O_2 \underset{b}{\overset{a}{\rightleftharpoons}} HbO_2$$

Com base nas informações contidas no texto acima e em conceitos correlatos, julgue os itens que se seguem.

(0) A equação representa um processo em que as reações nos sentidos **a** e **b,** no equilíbrio, ocorrem em diferentes momentos.
(1) O valor da **constante de equilíbrio**, para a reação representada, depende da quantidade de oxigênio inspirado.
(2) No estado de equilíbrio, as velocidades, nos sentidos **a** e **b** da reação, são iguais.
(3) Estando o indivíduo em um recinto com baixíssima concentração de oxigênio, haverá um aumento do volume de sangue venoso e uma redução do volume de sangue arterial.
(4) No equilíbrio químico, as concentrações de todas as espécies químicas se igualam.

Questão 140

UnB 1/93

Analise os equilíbrios abaixo.

I - A (s) + B (g) $\rightleftharpoons$ C (s) + energia K_1 = contante do equilíbrio
II- D (s) + E (g) + energia $\rightleftharpoons$ 2F (g) K_2 = constante do equilíbrio

Julgue os itens a seguir .

(0) Em 1, o aumento da quantidade de A eleva K_1.
(1) Em 2, a elevação da pressão aumenta a quantidade de E.
(2) O aumento da temperatura em 1 e 2 diminui os valores de K_1 e K_2.
(3) A elevação da pressão faz com que K_1 aumente e K_2 diminua.

Questão 141

UnB 2/93

Na solução aquosa saturada de Pb^{2+} estabelece-se o seguinte equilíbrio:

$$PbI_2(s) \rightleftharpoons Pb^{2+}(aq) + 2I^-(aq)$$

Julgue os itens.

(0) A concentração da solução saturada de PbI_2 é chamada solubilidade.
(1) É possível calcular a solubilidade (S) do PbI_2 a partir de seu produto de solubilidade.
(2) Pelo equilíbrio acima, para cada mol de PbI_2 dissolvido, origina-se um mol de I^-.
(3) A expressão do produto de solubilidade (Kps) para o PbI_2 pode ser representada por: $K_{ps} = 4S^2$ (S = solubilidade).

(4) A constante de equilíbrio (K) da reação acima é dada pela expressão $K = \dfrac{[Pb^{2+}][I^-]^2}{[PbI_2(s)]}$.

Sendo que $[Pb^{2+}]$ e $[I^-]^2$ representam as concentrações dos íons em solução, e $[PbI_{2(s)}]$ representa a concentração de PbI_2 na fase sólida.

Questão 142

UnB 1/92

A tabela abaixo representa alguns sistemas aquosos e os correspondentes valores aproximados de pH, a 25 °C.

MATERIAL	pH
suco gástrico	01
suco de limão	02
suco de laranja	03
suco de tomate	04
café preto	05
água de chuva	06

Julgue os itens seguintes.

(0) O pOH do suco gástrico é 6.
(1) No suco de laranja a concentração dos íons H_3O^+ é aproximadamente 10^{-3} mol/L.
(2) No suco de tomate a concentração de íons H_3O^+ é dez vezes maior que a do café preto.
(3) A água de chuva é mais ácida que o café preto.

Questão 143

UnB 2/93

A reação de dissociação do ácido acético (HAc) em água pode ser representada pela equação:

$$HAc \rightleftharpoons H^{+} + Ac^{-}$$

Considere uma solução aquosa de ácido acético 0,100mol/L e julgue os itens:

(0) As espécies presentes na solução são H_3O^+, Ac^-, HAc, OH^- e H_2O.
(1) A concentração de H^+ no equilíbrio, $[H^+]$, é 0,100mol/L.
(2) $[Ac^-] > [HAc]$.
(3) O pH da solução é 1.
(4) A constante de equilíbrio da reação acima é igual à constante de dissociação do ácido acético.
(5) Na água pura, o pH é diferente do pOH.
(6) Soluções que resistem a variações do pH, quando a elas são adicionados ácidos ou bases fortes, chamam-se soluções tampões.
(7) O pH não varia com a temperatura.

Questão 144

UnB 2/92

O pH normal do sangue é 7,4, ao qual correspondem uma concentração de íons H_3O^+ de 4,0 x 10^{-8} mol/l e uma concentração de íons OH^- de 2,5 x 10^{-7} mol/l. Com base nestas informações, julgue os itens.

(0) O sangue é um meio aquoso ligeiramente ácido.
(1) As concentrações dos íons H_3O^+ e OH^- na água pura são iguais a 1,0 x 10^{-7} mol/l.
(2) Tanto na água pura como no sangue, o produto das concentrações dos íons H_3O^+ e OH^- ($[H_3O^+] \times [OH^{-1}]$) é igual a 1,0 x 10^{-14} mol^2/l^2.
(3) No sangue, a relação pH + POH = 14,0 não é válida por ser um meio diferente da água pura.
(4) No sangue, a concentração dos íons H_3O^+ é maior que a dos íons OH^-.

Questão 145

UnB 2/91

A 25 °C, as substâncias A e B reagem atingindo um estado de equilíbrio. A equação que representa a reação é:

$$A(g) + 3B(g) \underset{v_2}{\overset{v_1}{\rightleftharpoons}} 2C(g)$$

O diagrama abaixo representa o processo.

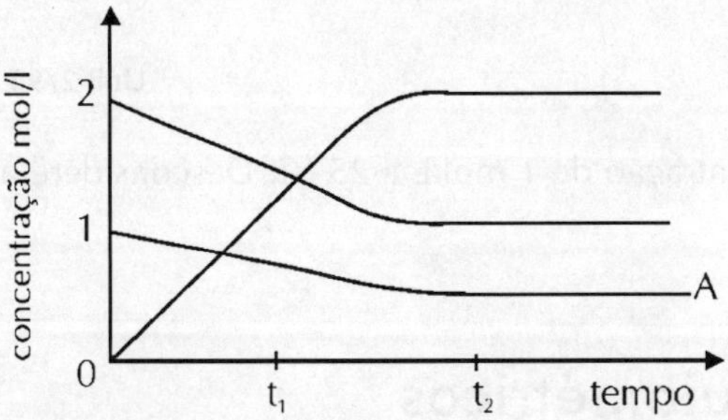

Julgue os itens.

(0) A concentração de C, no equilíbrio, é 1,5mol/l.
(1) A concentração inicial de B é 2 mol/l.
(2) No tempo t_1, $V_1 > V_2$.
(3) No tempo t_2, o sistema tende para o equilíbrio.
(4) A constante de equilíbrio para a reação é 4,0 mol²/l².

Questão 146

UnB 2/91

Considerando os dados abaixo:

Ácidos	**Ka(mol/L)**	**Bases**	**Kb (mol/L)**
a) HF	$7,0 \times 10^{-4}$	d) $(CH_3)_2$ NH	$1,0 \times 10^{-3}$
b) C_6H_6COOH	$7,0 \times 10^{-5}$	e) NH_3	$2,0 \times 10^{-5}$
c) NH_4^+	$6,0 \times 10^{-10}$	f) $C_6H_5NH_2$	$4,0 \times 10^{-10}$

Julgue os itens.

(0) Em soluções aquosas do ácido **a**, praticamente não existem moléculas de HF.
(1) Soluções de iguais concentrações de **a** e **b** têm pH distintos.
(2) No equilíbrio $NH_4^+ + H_2O \rightleftharpoons NH_3 + H_3O^+$, a concentração (em mol/l) de NH_4^+ é maior que a concentração de NH_3.
(3) A base **d** é mais forte que a base **e**.
(4) O equilíbrio $C_6H_5NH_2 + H_2O \rightleftharpoons C_6H_5NH_3^+(aq) + OH^-(aq)$ se acha deslocado para a direita.

Questão 147

UnB 1/91

O pentacloreto de fósforo é um reagente muito importante em Química Orgânica. Ele é preparado em fase gasosa pela reação.

$$PCl_3(g) + Cl_2(g) \rightleftharpoons PCl_5(g)$$

Um frasco de 3,00 L contém as seguintes quantidades de equilíbrio, a 200 °C: 0,120 mol de PCl_5, 0,600 mol de PCl_3 e 0,0120 mol de Cl_2 . Calcule o valor da constante de equilíbrio, em $(mol/l)^{-1}$, a esta temperatura.

Questão 148

UnB 2/95

Calcule o pH de uma solução de NaOH na concentração de 1 mol/L a 25 °C. Desconsidere a parte fracionária do resultado, caso exista.

Cálculos Estequiométricos

Questão 149

UnB 1/90

A substância hidreto de lítio reage com a água segundo a seguinte equação.

$$LiH(s) + H_2O(l) \rightarrow LiOH(aq) + H_2(g)$$

Esta reação é usada para inflar botes salva-vidas. O náufrago pressiona um dispositivo do bote, que contém água e uma cápsula de vidro com LiH. Ao ser pressionada, a cápsula quebra-se e o hidreto reage imediatamente com a água, liberando o gás. Calcule a massa, em gramas, de hidreto de lítio, necessária para inflar um bote de 252 L a 0 °C e 1,0 atm. de pressão.

Dados: Massas molares: M(Li) = 7,0g/mol M(H) = 1,0 g/mol
M(O) = 16,0 g/mol

Questão 150

UnB 1/90

O hidrogeno carbonato de sódio ($NaHCO_3$) é empregado:

a) na neutralização de ácidos.
b) como fermento de massas de bolos.
c) na extinção de pequenas chamas, quando atirado diretamente sobre elas.

Os empregos **a** e **b** devem-se à produção de CO_2 , resultante da decomposição térmica de $2NaHCO_3(s)$, como se ilustra a seguir:

$$2NaHCO_3(S) \xrightarrow{\Delta} Na_2CO_3(s) + CO_2(g) + H_2O(l)$$

Uma amostra pura de $NaHCO_3$ (176,0 g) foi aquecida. Houve decomposição de 75% da amostra Qual foi a massa (em gramas) do CO_2 liberado na reação?

Dados: Massas molares: $M(NaHCO_3)$ = 88,0 g/mol $M(CO_2)$ = 44,0 g/mol

Questão 151

UnB 2/90

O clorofórmio foi no passado amplamente usado como anestésico, hoje ele é raramente usado com esta finalidade. Industrialmente ele é obtido por meio da seguinte reação.

$$2CH_3COCH_3(l) + 3Ca(OCl)_2(aq) \rightarrow 2CHCl_3(l) + Ca(CH_3COO)_2(s) + 2Ca(OH)_2(s)$$

Calcule a massa de acetona, em quilogramas, necessária para produzir 1,38 kmol (quilomol) de clorofórmio, sabendo-se que o rendimento da reação é de 92,0%.

Dados: massas molares M(H) = 1,00g/mol M(C) = 12,0 g/mol
M(O) = 16,0 g/mol M(Cl) = 35,5g/mol

Questão 152

UnB 1/95

O maior emprego isolado do ácido sulfúrico é observado na indústria de fertilizantes à base de fósforo ou de amônio. O exemplo mais importante é a obtenção do "superfosfato".

$$Ca_3(PO_4)_2 + H_2SO_4 \rightarrow \underbrace{Ca_2H_2(PO_4)_2 + CaSO_4}_{\text{"superfosfato"}}$$

O fósforo (P) é usado no desenvolvimento das raízes.
[M(Ca) = 40,1 g/mol; M(P) = 31,0 g/mol;
M(O) = 16,0 g/mol; M(H) = 1,0 g/mol; M(S) = 32,0g/mol]

Calcule a massa de ácido sulfúrico, em toneladas (t), necessária para reagir com 155.150 kg de $Ca_3(PO_4)_2$ (fosforita) na produção de "superfosfato", considerando a inexistência de excesso de qualquer reagente.

Questão 153

UnB 1/95

Em um rótulo de leite em pó integral, lê-se:

> Modo de preparar:
> Coloque o leite integral instantâneo sobre água quente ou fria, previamente fervida. Mexa ligeiramente e complete com água até a medida desejada.
> Para um copo (200 mL) - 2 colheres de sopa bem cheias (30g).
>
> Composição média do produto em pó:

gordura	26%	sais minerais	6%
proteínas	30%	água	3%
lactose	35%	lecitina	0,2% no pó

Supondo que a composição corresponda à fração percentual em massa (cg/g) de cada componente, calcule a concentração em massa (em g/L) de proteínas em um copo de 200 mL de leite preparado.

Questão 154

UnB 2/91

A reação entre dimetilhidrazina – $(CH_3)_2NNH_2$ – e tetróxido de dinitrogênio – N_2O_4 – é usada como propelente de foguetes espaciais. Os produtos da reação são água, dióxido de carbono e nitrogênio molecular. Escreva a equação química balanceada para esta reação e calcule a massa de N_2O_4, em quilogramas, necessárias para reagir com 30kg de dimetilhidrazina.

Dados: Massas molares:

M(C) = 12g/mol
M(H) = 1,0g/mol
M(N) = 14g/mol
M(O) = 16g/mol

Questão 155

UnB 1/92

O nitrato de amônio, NH_4NO_3, e o sulfato de amônio, $(NH_4)_2\ SO_4$, são amplamente utilizados nos fertilizantes do tipo NPK. A sigla NPK indica que o fertilizante contém substâncias que são fontes de nitrogênio (N), fósforo (P) e potássio (K). Calcule a percentagem em massa de nitrogênio em cada uma destas substâncias e assinale (como resposta) a composição percentual da substância que contém mais nitrogênio .

Dados: Massas molares:

M(O) = 16,0g/mol
M(H) = 1,00g/mol
M(S) = 32,0g/mol
$M(NH_4NO_3)$ = 80,0g/mol
$M((NH_4)_2SO_4)$ = 132g/mol

Questão 156

UnB 2/92

A equação química (não-balanceada) que descreve a reação de formação da amônia (NH_3) a partir das substâncias simples nitrogênio e hidrogênio é:

$$N_2(g) + H_2(g) \rightarrow NH_3(g)$$

Calcule a quantidade de $N_2(g)$ (em gramas) que será consumida na obtenção de 170 gramas de $NH_3(g)$.

Massas molares:

M(N) = 14,0 g/mol
M(H) = 1,0 g/mol

Divida o Resultado por 10.

Questão 157

UnB 1/93

Considere a seguinte equação genérica:

$$X_2 + 3Y_2 \rightarrow 2XY_3$$

Calcule a massa em gramas de X_2 consumida na obtenção de 140 gramas de XY_3. Suponha Y_2 em excesso.

Dados:

Substância genérica	$M/g.mol^{-1}$
x_2	14
y_2	2
xy_3	10

Questão 158

UnB 2/94

Recentemente noticiou-se pelos jornais que um caminhão-tanque tombou, causando o vazamento de 10.000 quilogramas de ácido sulfúrico concentrado. A equipe de atendimento ao acidente utilizou cal extinta, $Ca(OH)_2$, para neutralizar o ácido. Supondo-se que o ácido sulfúrico é 98% em massa, calcule a massa mínima (em gramas) de hidróxido de cálcio necessária para a neutralização total de ácido derramado.

Massas molares:
M(H) = 1,0g/mol
M(C) = 12,0g/mol
M(0) = 16,0g/mol
M(S) = 32,0g/mol
M(Ca) = 40,0g/mol

Para a resposta, divida o resultado obtido (em gramas) por 1×10^5.

Questão 159

UnB 2/93

A transformação do mármore (carbonato de cálcio) em gesso (sulfato de cálcio), sob a ação da chuva ácida (solução aquosa de ácido sulfúrico), é dada por uma equação química que tem como produtos, além do sulfato de cálcio, a água e o gás dióxido de carbono. Admitindo que os reagentes sejam consumidos totalmente, monte a equação para tal processo e calcule a massa em gramas de sulfato de cálcio formada quando 50 gramas de carbonato de cálcio reagem com 49 gramas de ácido sulfúrico.

Dados: Massas molares (M):
M(Ca)= 40g/mol
M(C) = 12g/mol
M(O) = 16g/mol
M(H) = 1 g/mol
M(S) = 32 g/mol

Questão 160

UnB 1/94

A carência de iodo na alimentação e na água produz o bócio. Em regiões onde se consome maior quantidade de alimentos de origem marinha, o bócio é praticamente desconhecido. A legislação exige que cada quilograma de sal comercializado contenha 0,01g de iodeto I^-, geralmente na forma de NaI. Calcule a massa de NaI em unidade de grama, que deverá estar contida em 1270kg de sal, para que a legislação seja cumprida.

Massas molares:

M(Na) = 23 g/mol

M(I) = 127 g/mol

Questão 161

UnB 1/96

A combustão completa de isooctano (C_8H_{18}) leva à formação de dióxido de carbono e água. Calcule a massa, em Kg, de dióxido de carbono lançada no meio ambiente, na combustão completa de 10,0 mols de isooctano. Multiplique o resultado encontrado por 10 e despreze a parte decimal, caso exista.

Considere os dados: M(C) = 12,0 g/mol M(H) = 1,0 g/mol M(O) = 16,0 g/mol.

Questão 162

UnB 1/96

Em ensaios semelhantes aos executados por Lavoisier, relativos à formação da água, foram obtidos os valores da tabela abaixo.

ESTADO INICIAL			ESTADO FINAL			
Ensaio	**Massa de Gás (g)**		**Massa de água (g)**	**massa de gás que não reagiu (g)**		**Calor liberado (cal)**
	Oxigênio	**Hidrogênio**		**Oxigênio**	**Hidrogênio**	
a	0,033	0,002	0,018	0,016	-	68,00
b	0,033	0,0004	0,037	-	-	139,80
c	0,033	0,006	0,037	-	0,002	139,80
d	0,085	0,015	0,095	-	0,004	361,10

Analisando os dados apresentados na tabela, julgue os itens a seguir.

(0) As diferenças encontradas entre as massas dos reagentes e as massas dos produtos não invalidam a lei da conservação da massa.

(1) Segundo esses dados e a previsão da lei das proporções definidas, a proporção entre as massas de oxigênio e de hidrogênio, na água, é de 0,0033g para 0,002g, ou seja, aproximadamente 16:1.

(2) Tais dados comprovam que a água é uma substância composta, constituída pela mistura do gás hidrogênio com o gás oxigênio.

(3) Verifica-se que a reação de decomposição da água é um processo exotérmico.

Questão 163

UnB 2/94

Considerando os dados apresentados na questão 76, calcule a massa de alumínio, em gramas, necessária para desprender, a pressão constante, 153 Kj. Suponha que a quantidade de oxigênio é excessiva.

Orgânica - Cadeias Carbônicas

Questão 164

UnB 1/90

Examine os compostos abaixo e julgue os itens a seguir.

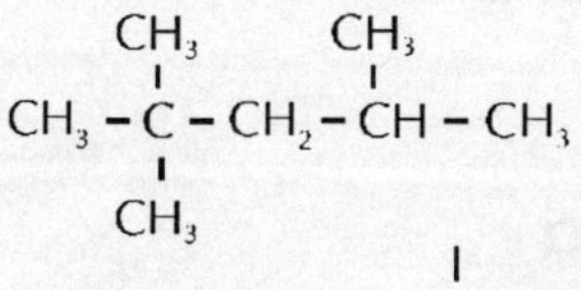

I

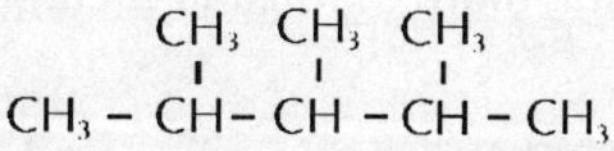

II

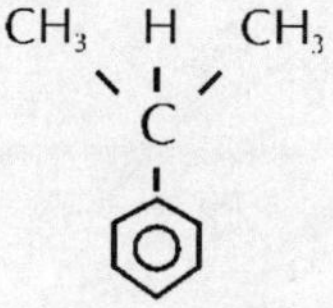

III

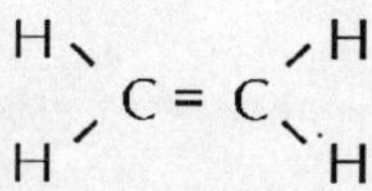

IV

$CH_3-C\equiv C-CH_2-CH_3$

V

VI

(0) O composto I é um dos componentes da gasolina.
(1) Os compostos I e II são isômeros de cadeias, que contêm átomos de carbono tetragonais.
(2) O composto III é um hidrocarboneto alifático.
(3) O composto IV é um hidrocarboneto insaturado, no qual os carbonos apresentam geometria trigonal.
(4) O composto V apresenta três isômeros geométricos.
(5) O composto VI contém apenas átomos de carbono e hidrogênio e é denominado ciclopentano.

Questão 165

UnB 2/91

A tetraciclina é um antibiótico cuja fórmula estrutural é:

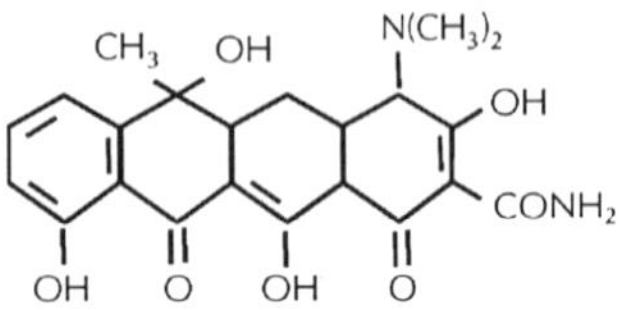

Julgue os itens.

(0) A substância apresenta ligações iônicas e covalentes.
(1) A tetraciclina apresenta quatro anéis aromáticos.
(2) A substância apresenta um grupo funcional característico dos fenóis.
(3) Na molécula há um grupo funcional característico das aminas terciárias.
(4) Na molécula há uma hidroxila ligada a carbono terciário.

Orgânica - Nomenclatura

Questão 166

UnB 1/91

Analise a estrutura abaixo e julgue os itens.

$CH_3 - CH - CH_2 - CH - CH_2 - CH_3$
$\quad\quad | \quad\quad\quad\quad |$
$\quad\ CH_3 \quad\quad\ CH_2$
$\quad\quad\quad\quad\quad\quad |$
$\quad\quad\quad\quad\quad CH_2$
$\quad\quad\quad\quad\quad\quad |$
$\quad\quad\quad\quad\quad CH_3$

(0) O nome do composto é 4-etil-2-metil-heptano.
(1) Este composto é um isômero do decano.
(2) A fórmula mínima deste composto é CH_2.
(3) Este composto é menos volátil que seu isômero de cadeia reta (não-ramificada).

Questão 167

UnB 1/90

Examine os compostos abaixo e julgue os itens a seguir.

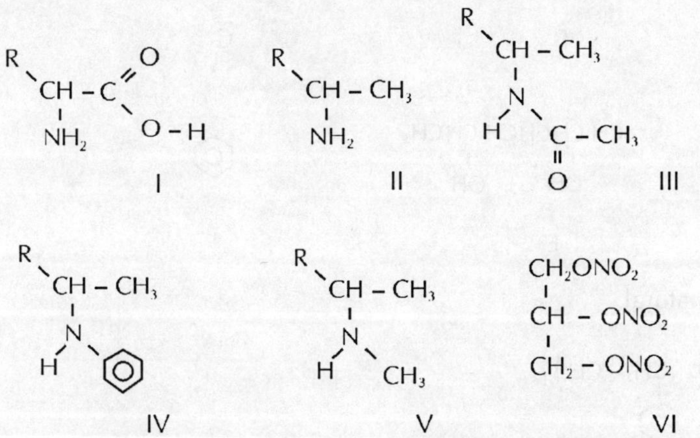

(0) O composto I resulta da quebra das ligações peptídicas das proteínas por ação enzimática.
(1) O composto II é uma amina secundária porque possui dois hidrogênios ligados ao nitrogênio.
(2) O composto III é uma amida.
(3) O composto IV é uma amina aromática.
(4) O composto IV é uma base mais forte que o composto V.
(5) O composto VI é um nitro composto, utilizado como fertilizante.

Questão 168

UnB 2/90

Dadas as substâncias a seguir, julgue os itens abaixo.

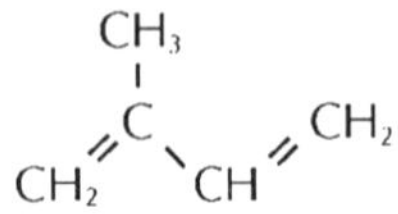

A

$CH_3CH_2-\overset{\displaystyle O}{\overset{\|}{C}}-ONH_4$

B

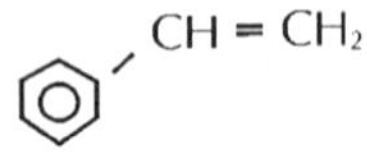

C

$CH_3CH_2CH_2\underset{\displaystyle OH}{\underset{|}{CH}}-CH_2CH_3$

D

$CH_3\underset{\displaystyle OH}{\underset{|}{CH}}CHCH_2\underset{\displaystyle OH}{\underset{|}{CH}}CH_3$

E

F

(0) A é o monômero da borracha natural.
(1) B é uma amida.
(2) C pode dar origem ao polímero 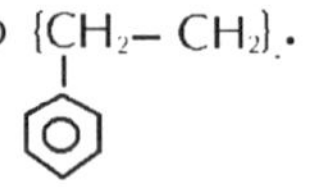
(3) D é denominado 4-hexanol.
(4) E é mais solúvel em água do que D.
(5) F apresenta ponto de ebulição menor do que o de C.

Questão 169

UnB 2/90

Considere como certos os itens que apresentam pares de isômeros e como errados os demais itens.

(0) 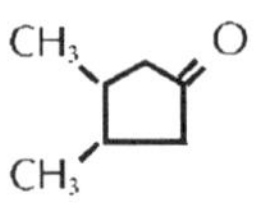 e 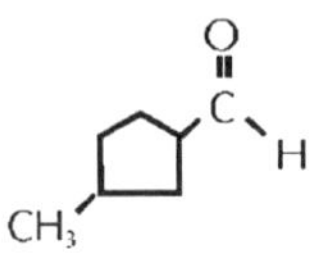

(1) 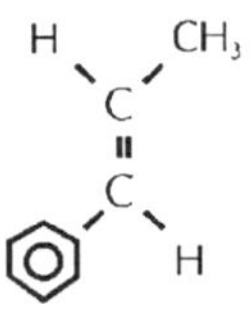 e 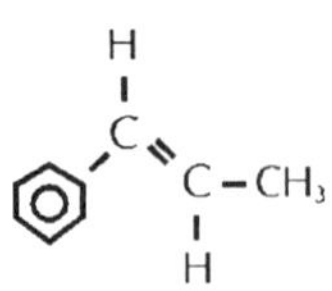

(2) $CH_3CH_2\underset{\displaystyle OH}{\underset{|}{CH}}CHO$ e $CH_3CH_2CH_2COOH$

(3) 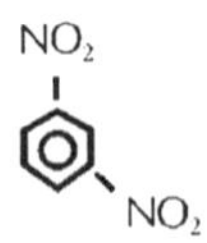 e 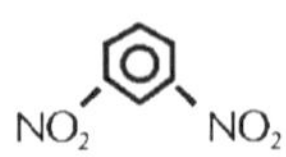

(4) $CH_3CH_2\underset{\displaystyle NH_2}{\underset{|}{CH}}CH_3$ e $CH_3\underset{\displaystyle NH_2}{\underset{|}{CH}}CH_2CH_3$

Questão 170

UnB 1/95

Os compostos orgânicos estão presentes na maioria dos materiais de uso diário. Analise as fórmulas de alguns desses compostos, apresentadas na tabela abaixo.

Substância	Fórmula	Aplicação
fenol	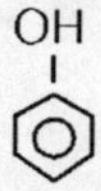	anti-séptico
formaldeído	$H_2C=O$	fabricação de polímeros
ácido acético	CH_3-COOH	tempero de alimentos (vinagre)
anilina	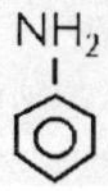	corante
náilon-66	$\ldots-\overset{O}{\overset{\parallel}{C}}(CH_2)_4\overset{O}{\overset{\parallel}{C}}-\underset{H}{N}(CH_2)_6\underset{H}{N}-\ldots$	confecção de fibras têxteis

Julgue os itens a seguir.

(0) O fenol é um álcool pouco solúvel em água.
(1) O formaldeído é um aldeído cujo nome oficial é metanal.
(2) O ácido acético possui ponto de ebulição menor do que álcoois de massa molecular correspondente.
(3) A anilina é uma base mais fraca do que a amônia.
(4) O náilon - 66 é uma poliamina.

Questão 171

UnB 2/96

Em 1975, foi implantado o Programa Nacional do Álcool (Proálcool), em uma clara opção do Governo Federal pela utilização do álcool como fonte alternativa de energia. Essa política muito contribuiu para a redução do consumo de petróleo, acarretando, contudo, alguns problemas ambientais. Por exemplo, os veículos movidos a álcool liberam, na atmosfera, compostos orgânicos denominados aldeídos.
Com o auxílio do texto, julgue os itens a seguir.

(0) O álcool usualmente vendido nos postos de combustíveis é o metanol.
(1) O metanol é mais solúvel em água do que o metano.
(2) O aldeído proveniente da oxidação do etanol é o CH_3CHO.
(3) Metanol e etanol são isômeros.

Questão 172

UnB 2/93

O acetoaminofen é uma substância que tem propriedades analgésicas e antipiréticas. Ela é comercializada com o nome de Tilenol e sua fórmula estrutural é:

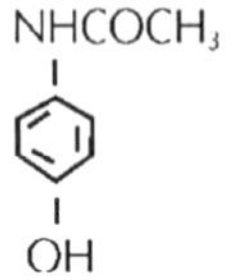

Pode afirmar-se que o acetoaminofen:

(0) pertence à classe dos fenóis.
(1) contém também a função amida.
(2) tem a fórmula $C_8H_9NO_2$.
(3) pertence à classe das substâncias aromáticas devido à presença do anel benzênico.

Questão 173

UnB 1/93

Analise as estruturas dos compostos nitrogenados abaixo e julgue os itens a seguir.

CH_3-NH_2

I

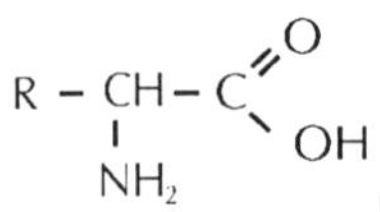

II

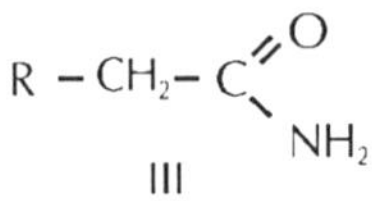

III

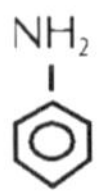

IV

$NaNO_3$

V

(0) I é uma amina alifática e tem caráter básico.
(1) II pertence à classe das amidas e tem caráter básico.
(2) III pertence à classe dos aminoácidos e tem caráter ácido.
(3) IV é uma amina aromática e é menos básica do que I.
(4) V pertence à classe dos nitratos e é utilizado como fertilizante.

Questão 174

UnB 2/92

O formaldeído (aldeído fórmico, metanal) é amplamente usado em medicina. Uma solução aquosa contendo 2% (em massa) é usada como bactericida; já uma solução aquosa contendo 4% (em massa) do aldeído é usada para preservar cadáveres.

Julgue os itens.
(0) Este aldeído pode ser obtido pela oxidação do etanol.
(1) Os aldeídos têm fórmulas geral R-CO-H.
(2) O formaldeído é solúvel em água porque é capaz de formar pontes de hidrogênio com a água.
(3) Para se preparar 600ml de solução aquosa de formaldeído a 2% (em massa) necessita-se de 6g de aldeído.
(4) A hidrogenação catalítica do formaldeído leva à formação do metanol.

Questão 175

UnB 1/91

Analise a Tabela a seguir e julgue os itens.

Composto	Ponto de ebulição/ºC	Solubilidade g/100g água
A. $CH_3-\overset{\overset{O}{\parallel}}{C}-CH_3$	56	infinita
B. $CH_3-\overset{\overset{O}{\parallel}}{C}-CH_2-CH_3$	80	26
C. $CH_3-\overset{\overset{O}{\parallel}}{C}-CH_2-CH_2-CH_3$	102	5
D. $CH_3-\overset{\overset{O}{\parallel}}{C}-CH_2-CH_2-CH_2-CH_3$	128	1,6

(0) Os compostos **A**, **B**, **C** e **D** são cetonas alifáticas.
(1) Nesta série de compostos, o ponto de ebulição aumenta com o aumento da massa molar.
(2) Na série, a diminuição da solubilidade em água é devida à redução da polaridade das ligações carbono – hidrogênio.
(3) O composto **A** pode ser obtido pela oxidação do 1-propanol.

Questão 176

UnB 2/92

A borracha natural é um polímero resultante da polimerização do isopreno.

$$CH_2=\overset{\overset{CH_3}{|}}{C}-CH=CH_2$$

isopreno

Julgue os itens.

(0) O nome oficial do isopreno é 2-metil-1, 3-butadieno.
(1) Numa reação de polimerização, a molécula que se une à outra, formando a cadeia, é denominada monômero.
(2) O isopreno apresenta isomeria cis, trans.
(3) A hidrogenação completa do isopreno produz o n-pentano.

Questão 177

UnB 2/91

Julgue os itens.

(0) A substância 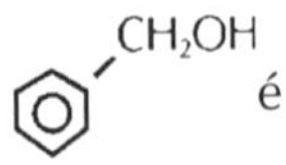 é um ácido mais forte que 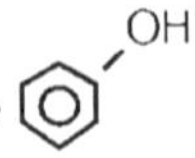

(1) As substâncias CH_3CH_2CHO e 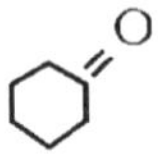 pertencem a uma mesma função.

(2) A substância $CH_3CH_2COOCH_2CH_3$ resultou da reação entre ácido acético e 1-propanol.

(3) Tanto o nylon 66 quanto as proteínas são poliamidas.

(4) As substâncias 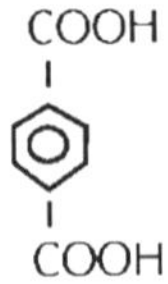 e 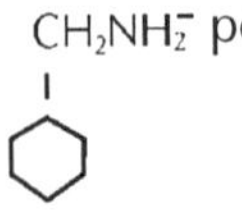 podem reagir formando uma poliamida.

Questão 178

UnB 1/91

A rancidez da manteiga (cheiro desagradável e sabor azedo) é causada pela oxidação de um dos seus componentes, conforme ilustrado abaixo.

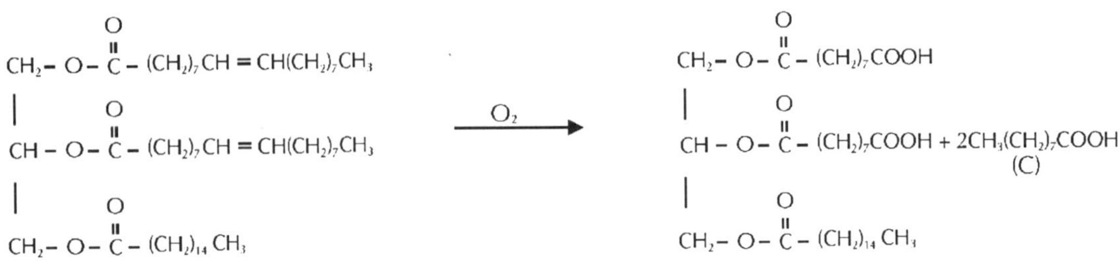

(A) (B)

**Para dificultar a rancificação, compostos fenólicos são adicionados à manteiga como antioxidantes.*

Julgue os itens a seguir.

(0) O composto (A) é um triéster.

(1) A fórmula do fenol é 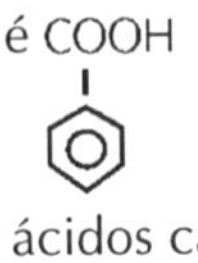 .

(2) A oxidação produz ácidos carboxílicos.

(3) Na molécula de (A), há a possibilidade de ocorrência de isomeria cis-trans.

(4) Um dos produtos da hidrólise do composto (A) é o 1,2,3-propanotriol.

Questão 179

UnB 2/94

A acidez é uma propriedade importante de certas funções orgânicas. O sabor azedo do vinagre é um exemplo disso. Algumas funções orgânicas apresentam a seguinte ordem de acidez: álcool < água < fenol < ácido carboxílico. Com base nas informações acima, julgue os itens que se seguem.

(0) Soluções aquosas de mesma concentração de ácido acético e fenol terão pH maior que sete.

(1) A fórmula do fenol é  –OH.

(2) Fenóis e ácidos carboxílicos podem reagir com bases inorgânicas, formando sais orgânicos.

Questão 180

UnB 2/94

Os ésteres são substâncias usadas como aromatizantes e saporificantes ("flavorizantes") de balas, chicletes e doces. Os itens abaixo referem-se a esta função.
Julgue os itens.

(0) A fórmulas mínima do acetato de etila é CHO.
(1) Os ésteres são obtidos por meio da reação de um aldeído com um álcool.
(2) O nome do composto $CH_3-CH_2-CH_2-\underset{\underset{O}{||}}{C}-O-CH_2-CH_2-CH_2-CH_3$ é formiato de propil-butila.

Questão 181

UnB 2/93

Entre os processos responsáveis pela deterioração do vinho, podemos citar o seguinte:

$$\text{Etanol} \xrightarrow[\text{oxigênio}]{\text{bactérias}} \text{Ácido acético} \xrightarrow[\text{etanol}]{\text{bactérias}} CH_3COOC_2H_5 + H_2O$$

Julgue os itens.

(0) As bactérias catalisam a redução do etanol.
(1) A fórmula do ácido acético é HCOOH.
(2) O nome da substância formada ao final da seqüência de reações é acetato de etila.
(3) A reação do ácido acético com o etanol é uma reação de esterificação.

Questão 182

UnB 1/96

A química de produtos naturais permite extrair substâncias de grande importância para a medicina. A vitamina C – ácido ascórbico –, por exemplo, pode ser extraída de frutas cítricas, tomates e pimenta verde. A carência de vitamina C pode provocar o chamado escorbuto, uma anomalia orgânica estudada pela medicina. A fórmula estrutural do ácido ascórbico está representada ao lado.

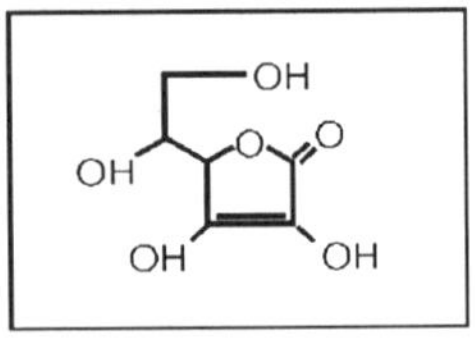

Analise essas informações e julgue os itens a seguir.

(0) A fórmula da vitamina C pode ser representada assim.

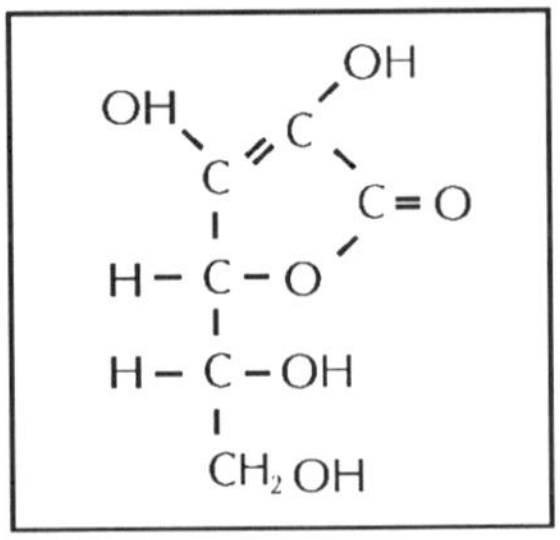

(1) A vitamina C é uma amina.
(2) A fórmula mínima do ácido ascórbico é $C_3H_4O_3$.
(3) A vitamina C é um composto heterocíclico.

Questão 183

UnB 2/90

Dadas as informações a seguir, julgue os itens abaixo.

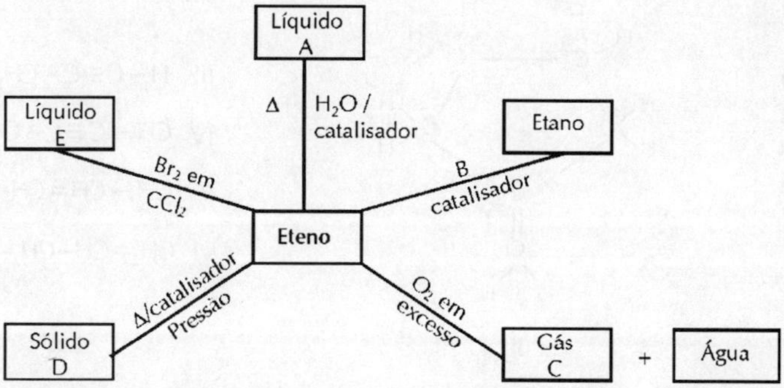

(0) A equação para a formação de A é $CH_2 = CH_2 + H_2O \xrightarrow[\Delta]{H^+} CH_3CH_2OH$

(1) B é hidrogênio.
(2) O gás C é o monóxido de carbono.
(3) A estrutura de D é $\{CH = CH\}_n$.
(4) O líquido E é o 1,1 - dibromoetano.
(5) O etano pode ser obtido a partir do líquido A.

Questão 184

UnB 1/96

O índice de octanos, ou octanagem, é o número utilizado para expressar a qualidade de uma gasolina. Dizer, por exemplo, que uma gasolina apresenta octanagem 65 significa que, ao utilizá-la, o rendimento do motor é o mesmo que se fosse utilizado uma mistura contendo 65% de isooctano. O nome oficial do isooctano é 2, 2, 4 - trimetil-pentano.

Com relação ao tema, julgue os itens a seguir.

(0) A fórmula estrutural plana do isooctano é mostrada no quadro abaixo.

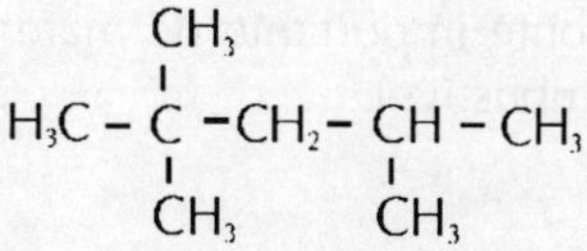

(1) A gasolina é obtida por meio da destilação simples do petróleo.
(2) O ponto de ebulição do heptano é maior que o do octano.
(3) Uma das vantagens de se utilizar o álcool em substituição à gasolina está no fato de ele ser uma fonte renovável de energia.

Questão 185

UnB 1/94

Julgue os itens abaixo, a partir dos seguintes dados:

(A) Um hidrocarboneto de fórmula C_6H_{10} tem uma das estruturas abaixo:

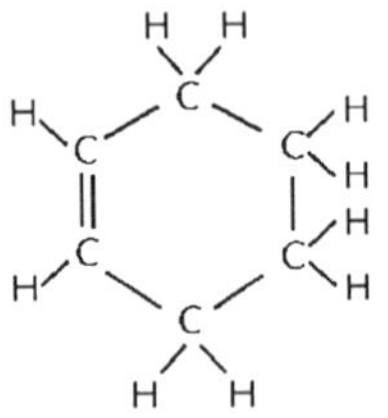

I

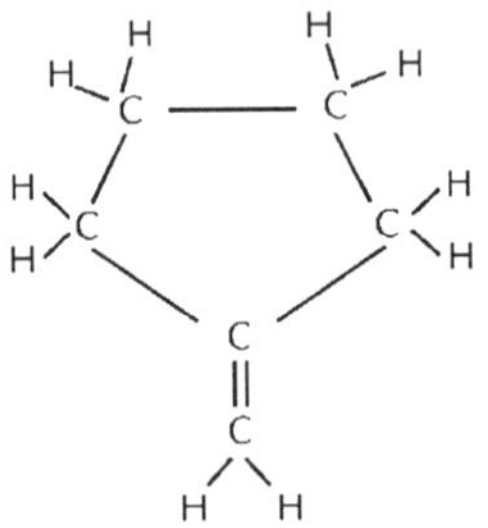

II

III $H-C \equiv C-CH_2-CH_2-CH_2-CH_3$

IV $CH_3-C \equiv C-CH_2-CH_2-CH_3$

V $CH_3-CH=CH-CH=CH-CH_3$

VI $CH_2=CH-CH_2-CH_2-CH=CH_2$

(B) O hidrocarboneto possui 4 átomos de carbono sp^2.
(C) O hidrocarboneto não apresenta isomeria geométrica.
Portanto, pode-se concluir que a(s) estrutura(s) possíveis do hidrocarboneto é (são):

(0) I ou II.
(1) III ou IV.
(2) V ou VI.
(3) II.
(4) IV.
(5) VI.

Questão 186

UnB 2/91

Julgue os itens.

(0) O petróleo é uma fonte renovável de energia.
(1) O metano é um dos principais componentes do GLP (gás de cozinha).
(2) Os principais componentes da gasolina são hidrocarbonetos de fórmula geral C_nH_{2n}.
(3) O processo $C_{18}H_{38} \xrightarrow{\Delta Cat} C_5H_{10} + C_8H_{18} + C_3H_8 + C_2H_2$ é usado para se obter gasolina a partir de frações menos voláteis do petróleo.
(4) O óleo diesel, o querosene e a parafina são frações de destilação de petróleo.
(5) Embora o petróleo seja uma fonte importante de matérias-primas para indústria, é usado principalmente como fonte de combustível.

Questão 187

UnB 2/94

Em certas condições, é possível observar o empretecimento do fundo externo de panelas usadas nos fogões domésticos a gás. A fuligem preta, depositada e observada nesses casos, é proveniente da combustão incompleta de hidrocarbonetos. Com base nesta informação, julgue os itens seguintes.

(0) Na combustão completa de um hidrocarboneto, os únicos produtos possíveis são água e dióxido de carbono.

(1) Uma combustão incompleta é representada por:

$$6CH_4(g) + 9O_2(g) \rightarrow 2C(s) + 2CO(g) + 2CO_2(g) + 12H_2O(g).$$

(2) As combustões incompletas ocorrem quando a quantidade de hidrocarbonetos presentes na reação é menor que a de oxigênio.

Questão 188

UnB 2/95

Um dos produtos do refino do petróleo é o propeno, usualmente conhecido como propileno. Ao ser polimerizado na forma de polipropileno, tem importante emprego industrial. A fibra natural vegetal celulósica conhecida como juta é substituída, na fabricação de sacos para cereais e outros produtos agrícolas, pela ráfia sintética, fabricada a partir do polipropileno.
Sobre este assunto, julgue os itens a seguir.

(0) O propeno possui a fórmula estrutural simplificada que se segue: $H_2C{=}CH$.

$$\begin{array}{r} H_2C{=}CH \\ | \\ CH_3 \end{array}$$

(1) Para haver polimerização, é necessário que o monômero possua pelo menos uma insaturação.

(2) O propeno é um hidrocarboneto alifático saturado.

(3) Ao adicionar-se ácido clorídrico ao propeno, obtém-se l-cloro-propano como produto principal.

Questão 189

UnB 2/93

Analise o seguinte gráfico e julgue os itens:

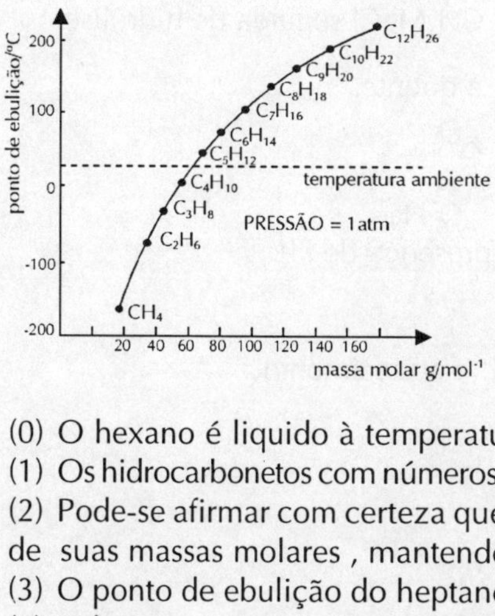

(0) O hexano é liquido à temperatura ambiente.

(1) Os hidrocarbonetos com números pares de átomos de carbono são gases à temperatura ambiente.

(2) Pode-se afirmar com certeza que o ponto de ebulição dos alcanos aumenta com o aumento de suas massas molares , mantendo-se constante a pressão.

(3) O ponto de ebulição do heptano fica em torno de 100 °C, quando a pressão é de 1atm.

(4) O butano é um gás à temperatura ambiente, sob pressão de 1 atm.

Orgânica - Reações Orgânicas

Questão 190

UnB 1/90

A fórmula química de um dos componentes do sabão é CH_3 - $(CH_2)_{14}$ - COONa
Com base nesta informação, julgue os itens abaixo.

(0) Esta substância é um sal de um ácido carboxílico.
(1) No grupo funcional (–COONa), o átomo de sódio liga-se covalentemente a um átomo de oxigênio.
(2) A fórmula apresentada acima contém uma cadeia alifática.
(3) Os sabões podem ser obtidos a partir de gordura animal.
(4) A fórmula apresentada acima possui uma parte apolar e outra polar.

Questão 191

UnB 1/90

Considere os componentes de I a VII e julgue os itens a seguir.

$CH_3 - CH_2 - OH$

I

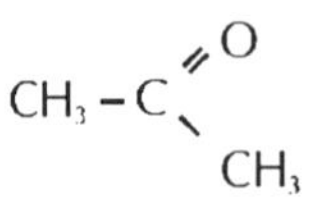

II

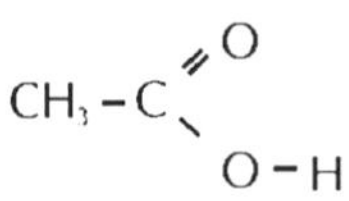

III

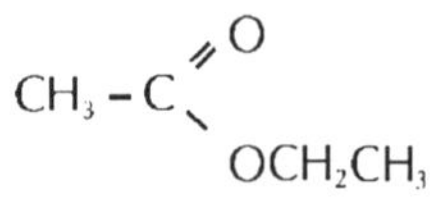

IV

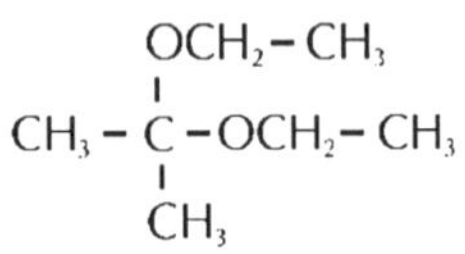

V

$CH_3 - CH_2 - O - CH_2 - CH_3$

VI

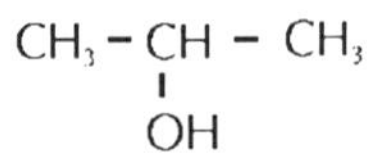

VII

(0) O composto I é formado pela reação de 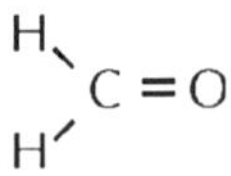 com CH_3MgCl seguida de hidrólise.
(1) O composto II é formado pela reação de I com $KMnO_4$ a quente.
(2) O composto III reage com $NaHCO_3$, formando 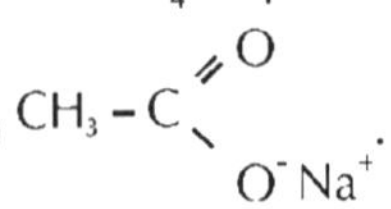.
(3) O composto IV é formado pela reação de I com III em presença de H^+.
(4) O composto V é formado pela reação de IV com I.
(5) O composto VI é um dímero do composto I.
(6) O composto VII é formado pelo tratamento de I com H^+ e aquecimento.

Questão 192

UnB 2/90

Dadas as substâncias a seguir, julgue os itens abaixo.

A

$CH_3CH(CH_3)CH_2CH_3$

$CH_3CHCH_2CH_3$
$\quad\ |$
$\quad CH_3$

B

CH_3COOCH_3

C

$CH_3CH_2COCH_3$

D

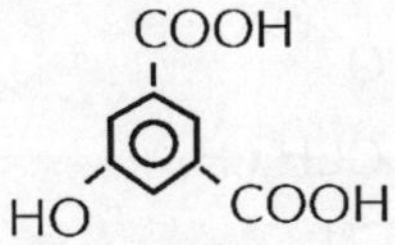

E

(0) A ozonólise de A, seguida de hidrólise, dá origem a um único produto orgânico.
(1) Há possibilidade de se obter quatro diferentes substâncias monocloradas, a partir de B.
(2) A oxidação do álcool, obtido a partir da hidrólise de C, leva à formação do ácido acético.
(3) A substância D, em condições brandas, pode ser oxidada por uma solução neutra de $KMnO_4$.
(4) A substância E apresenta dois tipos de grupos funcionais.

Questão 193

UnB 1/95

Julgue os itens abaixo.

(0) A separação dos componentes do petróleo é feita com base na diferença entre os respectivos pontos de ebulição.
(1) A borracha natural é obtida por reação de adição normal (adição 1,2).
(2) O PVC é um copolímero.
(3) A existência de isômeros geométricos cíclicos é permitida pelo fato de não haver liberdade de rotação em torno da ligação C – C.

Questão 194

UnB 1/94

A fotossíntese é um processo vital, que ocorre na natureza e leva à formação de carboidratos. A equação química que descreve esse processo é:

$$6CO_2 + 6H_2O \xrightarrow{hv} C_6H_{12}O_6 + 6O_2$$

(0) No processo de fotossíntese, o carboidrato formado é a sacarose, que é um isômero da glicose.
(1) Para que o processo da fotossíntese possa ocorrer, é necessária a clorofila como catalisador.
(2) As moléculas de glicose formadas no processo da fotossíntese podem combinar-se, para formar a celulose.
(3) As moléculas de sacarose formadas na fotossíntese podem combinar-se para formar o amido.

Questão 195

UnB 1/94

Considere os compostos oxigenados de I a IV e julgue os itens seguintes.

I $CH_3-C\begin{smallmatrix}\nearrow O\\ \searrow OH\end{smallmatrix}$ **III** $CH_3-C\begin{smallmatrix}\nearrow O\\ \searrow H\end{smallmatrix}$

II $CH_3-C\begin{smallmatrix}\nearrow O\\ \searrow CH_3\end{smallmatrix}$ **IV** CH_3CH_2-OH

(0) A reação entre **I** e **IV** leva à formação de $CH_3C\begin{smallmatrix}\nearrow O\\ \searrow OCH_2CH_3\end{smallmatrix}$.

(1) A reação entre **II** e **IV** leva à formação de $CH_3-\overset{\displaystyle CH_3}{\underset{\displaystyle OCH_2CH_3}{C}}-OCH_2CH_3$.

(2) A reação entre **II** e $\mathbf{KMnO_4}$ (diluído) leva à formação **III**.
(3) A reação de **III** com $\mathbf{CH_3OH}$ leva à formação de **II**.
(4) A reação de **III** com $\mathbf{Ag(NH)_3)^+_2}$ (reagente de Tollens) leva à formação de **I**.

Questão 196

UnB 2/93

O monômero (substância D) usado na obtenção de resinas polivinílicas pode ser fabricado industrialmente por meio das seguintes reações.

$$\underset{(A)}{CH_2=CH_2}\xrightarrow{(B)}\underset{(C)}{CH_2ClCH_2Cl}\xrightarrow{(500\ ^\circ C)}\underset{(D)}{CH_2=CHCl}+Cl$$

(0) O nome do composto **D** é cloroetano.
(1) O polímetro obtido a partir de **D** é

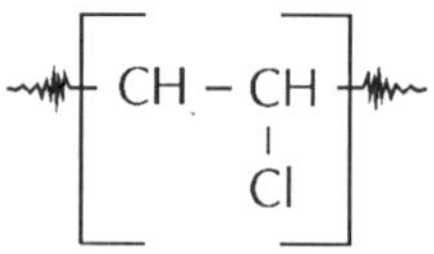

(2) A fórmula do reagente **B** é Cl_2.
(3) O nome correto de **C** é 1,2-dicloroeteno.
(4) A substância **A** é um alcano.

Questão 197

UnB 1/93

Sobre a formação e a ação de detergentes e sabões, analise as estruturas abaixo.

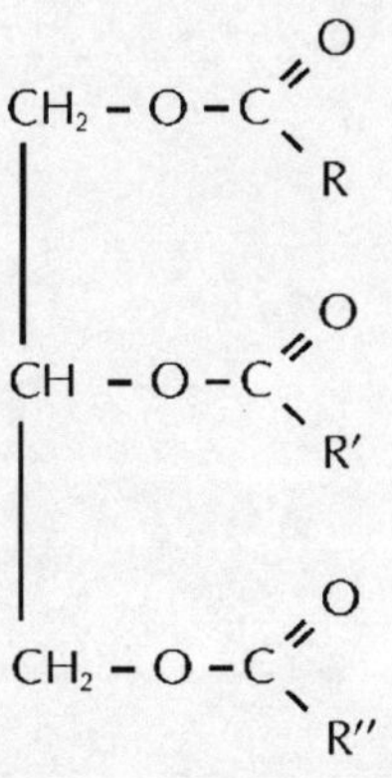

I

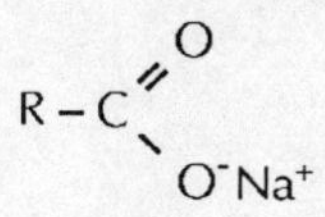

II

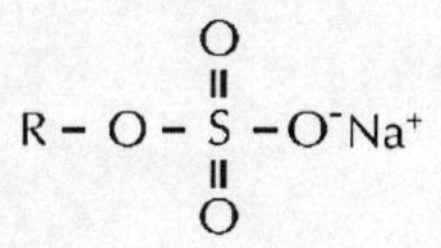

III

Julgue os seguintes itens.

(0) O sebo de boi contém triglicerídeos de estrutura I que, reagindo com NaOH, formam sabões de estrutura II.

(1) Em contato com a "água dura", os sabões não espumam porque alguns cátions formam sais insolúveis com seus ânions $RCOO^-$.

(2) Tanto os sabões como os detergentes possuem uma extremidade iônica que lhes confere solubilidade em água.

(3) Detergentes sintéticos biodegradáveis dependem da ação de microorganismos para serem decompostos.

Questão 198

UnB 1/93

Analise os três processos abaixo, realizados nas mesmas condições de temperatura e pressão:

I 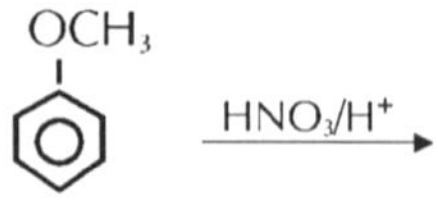

II 

III 

Julgue os itens seguintes.

(0) A reação com o composto I é a que ocorre mais rapidamente.
(1) A reação com o composto II é a que ocorre mais lentamente.
(2) Os produtos principais da reação I são o 1-metoxi, 2-nitro-benzeno e o 1-metoxi, 4-Nitro-benzeno.
(3) O 1,3 dinitro-benzeno e o 1,4 dinitro-benzeno são os produtos principais da reação 2.
(4) O 1-metil, 2-nitro-benzeno e o 1-metil, 4-nitro-benzeno são os principais produtos da reação 3.

Questão 199

UnB 1/93

Analise o que acontece quando o propeno é tratado com os reagentes abaixo.

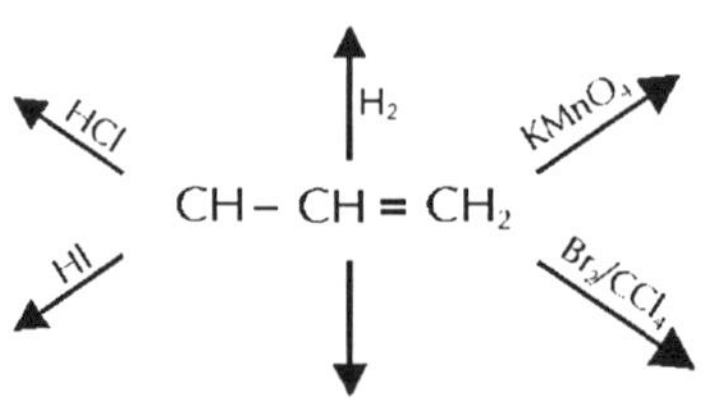

Julgue os itens a seguir.

(0) A reação do propeno com H_2 é uma redução e requer catalisador para ocorrer.
(1) A oxidação exaustiva do propeno com $KMnO_4$ leva à formação de CO_2 e CH_3COOH.
(2) A reação do propeno com Br/CCl_4 requer energia radiante (luz) para que possa ocorrer.
(3) Quando o propeno é tratado com H_2O/H^+ não ocorre reação.
(4) Quando o propeno reage com o HI, o produto que se forma em maior quantidade é o 2-iodo-propano.
(5) A reação do propeno com o HCl é uma reação de adição.

Questão 200

UnB 2/92

Algumas substâncias orgânicas possuem odores desagradáveis. Por exemplo, a putrescina e a cadaverina são produzidas quando proteínas são decompostas durante putrefação de tecidos animais.

$H_2N–CH_2–CH_2–CH_2–CH_2–NH_2$	$H_2N–CH_2–CH_2–CH_2–CH_2–CH_2–NH_2$
PUTRESCINA	**CADAVERINA**

Estas substâncias apresentam as seguintes propriedades:

I - quando HCl aquoso é adicionado a elas o odor desagradável desaparece;

II - suas soluções aquosas são ligeiramente básicas.

Julgue os itens.

(0) O nome oficial da putrescina é 1,4-dinitrobutano.

(1) Putrescina e cadaverina são aminoácidos.

(2) A propriedade I corresponde à seguinte reação geral, característica dos grupos funcionais presentes:

$R\text{-}NH_2(aq) + HCl(aq) \rightarrow R\text{-}NH_3^+ \, Cl^-(aq)$.

(3) A propriedade II corresponde à seguinte reação geral, característica dos grupos funcionais presentes:

$R\text{-}NH_2(aq) + H_2O(l) \rightleftharpoons R\text{-}NH_3^+(aq) + OH^-(aq)$.

Questão 201

UnB 2/92

Considere o seguinte equilíbrio químico, cujo valor de K a 25 °C é aproximadamente 4.

Etanol + ácido acético $\rightleftharpoons$ éster + água.

Julgue os itens.

(0) As fórmulas do etanol e ácido acético são respectivamente $HOCH_2CH_2OH$ e $HOCH_2COOH$.

(1) O nome do éster formado é acetato de etila.

(2) Partindo-se de concentrações iguais dos reagentes, no equilíbrio, as concentrações de éster e água serão maiores que as de etanol e ácido acético.

(3) A fórmula molecular do acetato de etila é $C_4H_8O_2$.

(4) Se adicionarmos 1 ℓ de água ao sistema em equilíbrio, o valor de K variará tendo em vista que a água é uma dos produtos da reação.

Questão 202

UnB 1/92

Examine a estrutura dos compostos abaixo e julgue os itens.

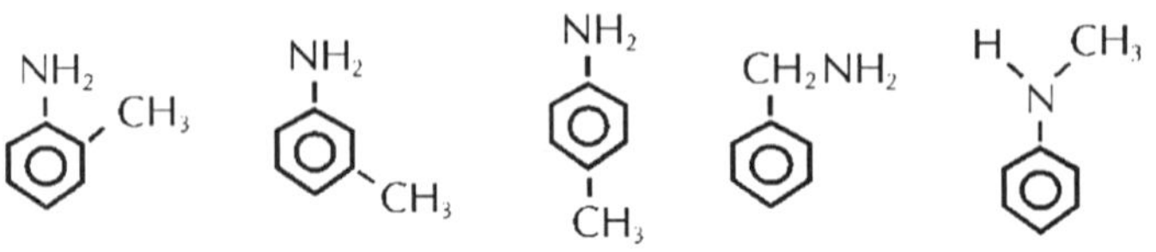

I II III IV V

(0) Os compostos I a V são isômeros estruturais.
(1) O composto I pode ser preparado pelo processo.

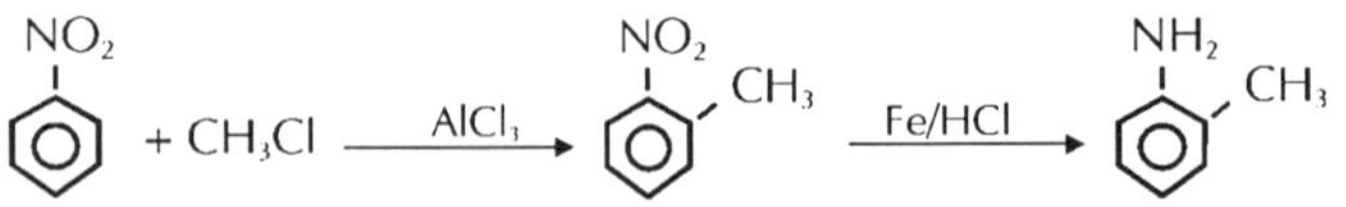

(2) O composto III pode ser preparado pelo processo.

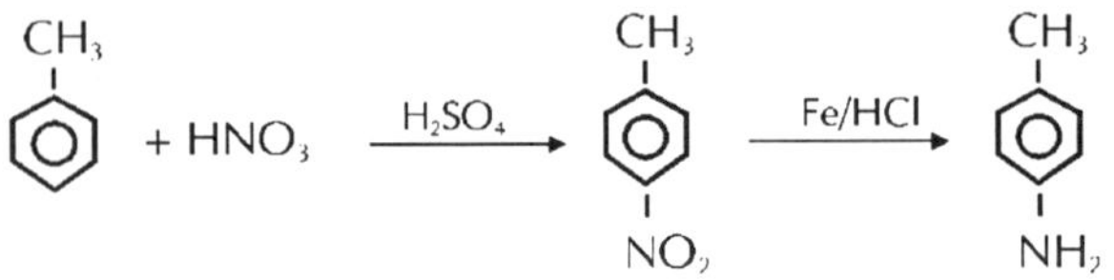

(3) O composto IV é uma amina primária.
(4) O composto IV é mais básico do que I.
(5) O composto II é a **O**-metil anilina.

Questão 203

UnB 2/92

Analise as estruturas de I a IV e julgue os itens seguintes.

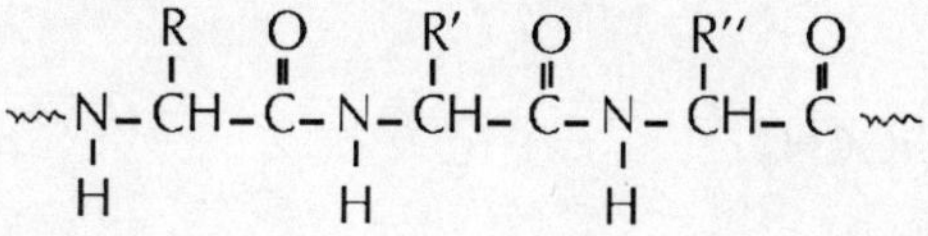

I

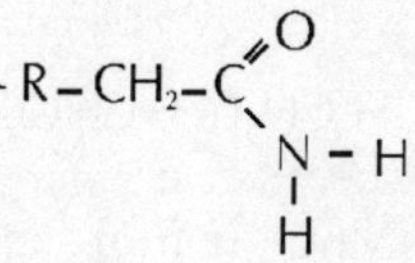

II

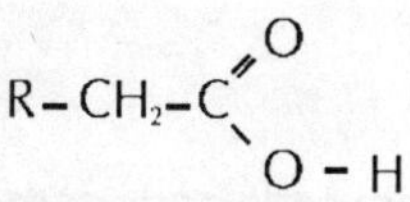

III

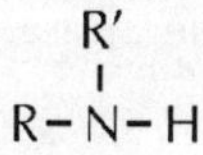

IV

(0) I pode representar a estrutura parcial de uma proteína.
(1) II representa a estrutura de um aminoácido.
(2) A hidrólise de I leva à formação de várias unidades de II.
(3) O composto III é um ácido carboxílico.
(4) Compostos de tipo III ao reagir com compostos de tipo IV formam sais de amônio de estrutura:

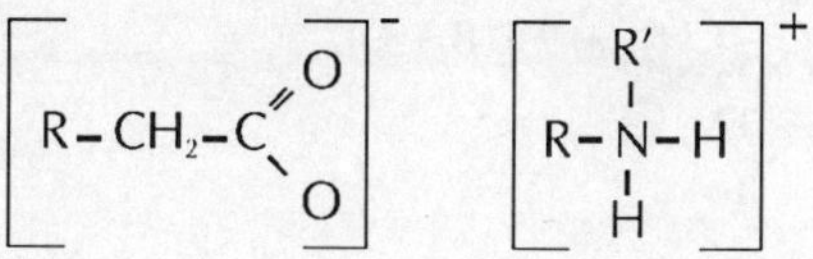

Questão 204

UnB 1/91

A substância metilbenzeno (tolueno) é um importante solvente industrial. Ao reagir com o cloro fornece três produtos monoclorados, os quais são também usados como solvente. Julgue os itens.

(0) O tolueno pode ser obtido pela reação do benzeno com metano, em presença de um catalisador.

(1) A fórmula do orto-clorotolueno é 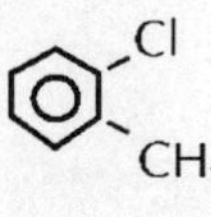

(2) O nome do composto  é meta-clorotolueno.

(3) O composto 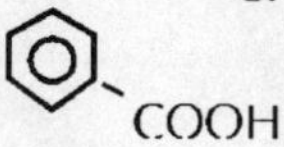 pode ser obtido pela oxidação do tolueno.

Questão 205

UnB 2/91

Dadas as substâncias:

$CH_3CH_2CH_2CH_3$ (**a**) : CH_3OCH_3 (**b**) : $CH_3CH{=}CH_2$ (**c**)

CH_3CH_2OH (**d**) e $CH_3CH_2CH{=}CHCOOCH_3$ (**e**)

e os reagentes, Solução aquosa de $KMnO_4$ (a frio) (**f**) e Solução de Br_2/CCl_4 (**g**)

(0) A substância **a** descora a solução **f** e **g**.
(1) Em presença da solução **f**, a substância **b** não se altera.
(2) A substância **c** descora as soluções **f** e **g**.
(3) A substância **d** descora a solução **g**.
(4) A substância **e** reage com a solução **f**, formando produtos que apresentam cadeias de carbonos menores.

Questão 206

UnB 1/92

Abaixo estão descritos dois processos diferentes para se obter os mesmos produtos orgânicos.

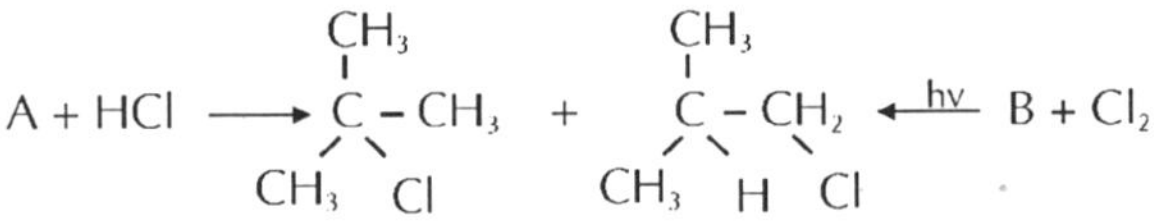

I II

Julgue os itens seguintes.

(0) O composto A é um alqueno de fórmula 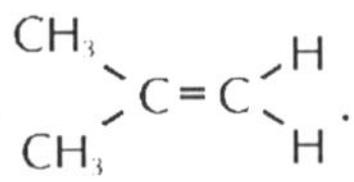.

(1) Na reação do composto A com HCl o produto que se forma em maior proporção é I.
(2) O composto B é um alcano.
(3) A reação de B com Cl_2 é um processo de adição.
(4) Os compostos A e B possuem carbonos com geometria tetragonal.
(5) No composto II o átomo de cloro está ligado a um carbono secundário.

Questão 207

UnB 1/92

O limoneno (I) é uma substância de cheiro agradável encontrada no óleo extraído da casca do limão e da laranja.

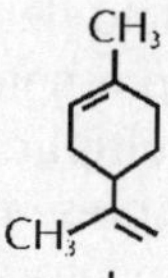

I

Julgue os itens seguintes.

(0) O limoneno é um hidrocarboneto cíclico aromático.

(1) Quando submetido a ozonólise, seguida do tratamento com H_2O e zinco, o limoneno forma

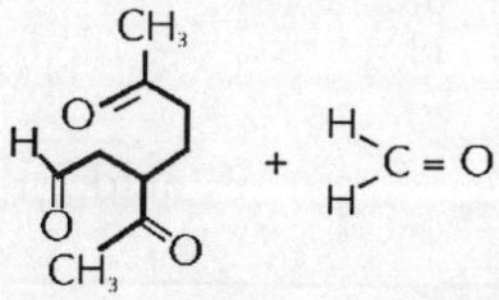

(2) Quando I é tratado com excesso de $KMnO_4$ em meio ácido, há formação dos mesmos produtos da ozonólise.

(3) Quando I é tratado com H_2O/H^+, em excesso, o produto principal é

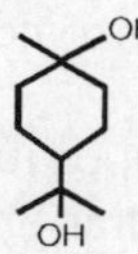

(4) O tratamento de I com 2 mols de H_2 na presença de Pt leva a formação de

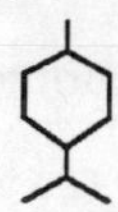

Questão 208

UnB 1/94

Considere os compostos abaixo e julgue os itens.

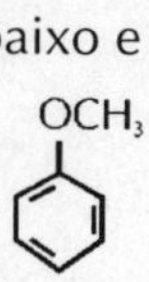

I

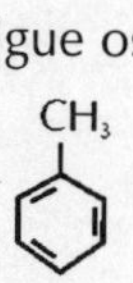

II

$CH_2{=}CH2$

III

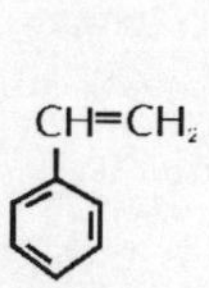

IV

(0) O composto I reage com Br_2 na presença de $FeBr_3$ para formar principalmente o 3-Bromo, 1-metoxibenzeno.

(1) O composto II reage com Cl_2 na presença de luz para formar uma mistura de 1-cloro, 2-metilbenzeno e 1-cloro, 4-metilbenzeno.

(2) O composto III pode ser obtido pela desidratação do etanol.

(3) O composto IV é usado como matéria-prima para a obtenção do poliestireno.

(4) Os compostos III e IV são hidrocarbonetos insaturados.

Questão 209

UnB 2/95

A sulfanilamida é um medicamento, classificado como sulfa, que atua por meio do processo de inibição enzimática. Isto ocorre devido ao fato de ela possuir estrutura molecular semelhante à do ácido p-aminobenzóico, substância presente no sangue, que dá início a uma série de reações com bactérias, favorecendo a multiplicação destes microorganismos. A inibição enzimática ocorre em função de a enzima presente na bactéria reagir com a sulfa e produzir substâncias que não favorecem o seu crescimento. As fórmulas químicas dessas substâncias são mostradas ao lado.

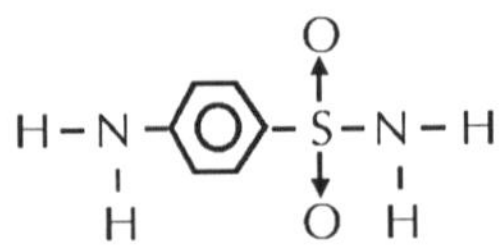

sulfanilamida

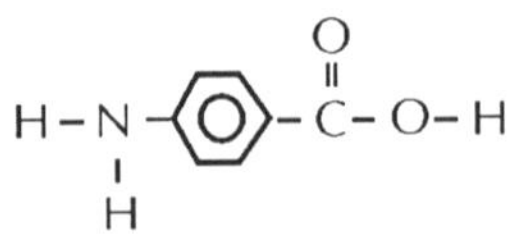

ácido p-aminobenzóico

Analise estas substâncias e julgue os itens abaixo.

(0) A sulfanilamida apresenta estrutura de ressonância.
(1) A letra "p" do nome do ácido-p-aminobenzóico é a abreviatura do nome de um dos grupos unidos ao anel benzênico.
(2) O ácido p-amino benzóico apresenta grupos funcionais de álcool e de amida.
(3) Para controlar a infecção, deve-se ministrar uma pequena dose de sulfa, pois, segundo a teoria das colisões, o aumento da concentração dos reagentes (sulfa) diminui o rendimento da reação.
(4) A molécula de sulfanilamida possui oito átomos de hidrogênio.

Questão 210

UnB 2/95

A utilização, em larga escala, do dicloro-difenil-tricloroetano, conhecido como DDT, provocou uma revolução na agricultura com o aumento da produtividade. Todavia, em função de seus efeitos ambientais, diferentes países têm proibido a utilização de agrotóxicos que contenham tal substância. O DDT é preparado por meio da reação representada abaixo, a qual ocorre na presença de ácido sulfúrico. Analise a equação e considere as características das reações químicas.

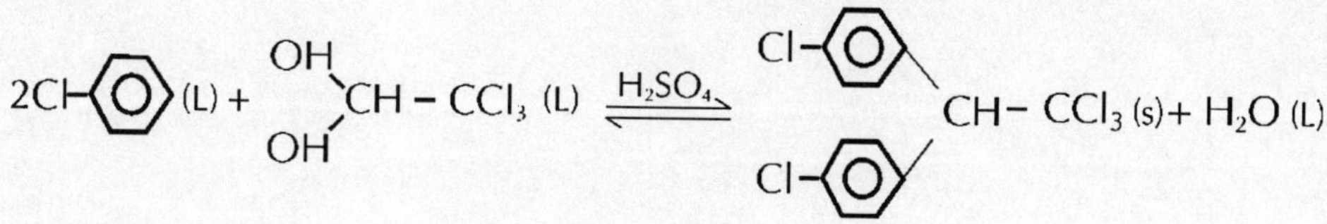

Julgue os itens a seguir.

(0) O nome de um dos reagentes é clorobenzeno.
(1) Quando a reação atingir o equilíbrio, as concentrações dos reagentes serão iguais a zero.
(2) A energia de ativação da reação é a mesma com ou sem ácido sulfúrico.
(3) Ao final da reação, o DDT pode ser extraído por meio de filtração ou da decantação.
(4) O gráfico abaixo representa a variação da concentração de DDT na reação.

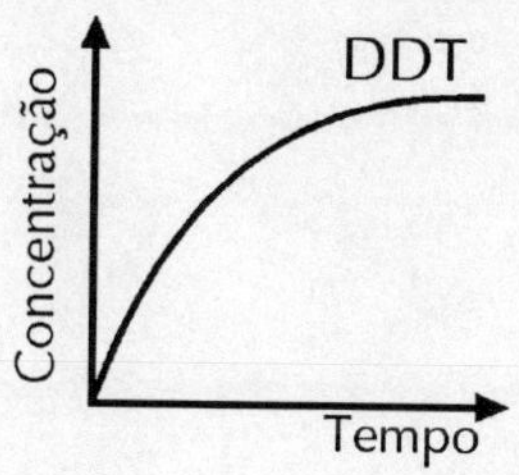

Questões operatórias

Química do ambiente/ Substâncias e misturas

Questão 01

A substância ozônio (O_3) é de fundamental importância na proteção da atmosfera das radiações solares. Com isso, as pessoas são protegidas da exposição excessiva ao sol, que pode ocasionar anomalia, como o câncer de pele.

A respeito do gás ozônio, julgue os itens.

(0) A substância ozônio é um isótopo do oxigênio (O_2).
(1) É uma substância simples.
(2) A ligação química existente entre os seus átomos é do tipo covalente.
(3) O estado de oxidação do oxigênio na molécula de ozônio é -2.

Questão 02

Os elementos químicos sódio, potássio e cloro contribuem para manutenção da pressão osmótica e o balanço ácido-básico do organismo. Enquanto o Sódio é encontrado em abundância nos líquidos extracelulares, o potássio o é nos intracelulares, como também acontece com o cloro.

Com relação à importância desses três elementos químicos, julgue os itens abaixo.

(0) Os símbolos químicos do sódio, potássio e cloro são, respectivamente, Na, P, e Cl.
(1) Uma quantidade alta de sódio extracelular é seguida por uma diminuição de cloro intracelular.
(2) O cloro faz ligação iônica com o sódio e covalente com o potássio.
(3) A notação química do sal de cozinha corresponde ao NaCl.

Questão 03

A carência de ferro na alimentação ocasiona a anemia férrica ou ferropriva. O indivíduo com anemia ferropriva apresenta palidez, fraqueza, fadiga, falta de ar, etc.
O fígado e a gema de ovo, alimentos animais, são considerados antianêmicos, graças à sua riqueza em ferro.

Com relação às informações acima e à importância do ferro, julgue os itens que se seguem.

(0) O símbolo químico do ferro é Fr.
(1) O ferro é encontrado na natureza formando minérios como a hematita e a magnetita.
(2) O ferro contido no feijão não auxilia no tratamento da anemia, pois o feijão é um alimento vegetal.
(3) A ligação química do ferro com o cloro (não metal) é de natureza iônica.

Questão 04

Os átomos na natureza podem ser encontrados livres ou unidos uns aos outros, formando as substâncias. Essa propriedade de unirem-se uns aos outros é feita por meio de ligações químicas. As substâncias CaO, O_3, Fe, CO_2, H_2O, NaCl apresentam as características descritas acima. A esse respeito, julgue os itens que se seguem.

(0) A substância O_3 é um isótopo do O_2.
(1) O NaCl conduz eletricidade em estado de fusão.
(2) Existem somente 3 (três) substâncias compostas na seqüência apresentada.
(3) A ligação química entre os átomos no CaO e NaCl é do tipo iônica.
(4) O CO_2 é o principal responsável pela chuva ácida.
(5) O CaO é um óxido básico.
(6) A separação da mistura entre H_2O e NaCl pode ser feita pela evaporação de solvente.

Questão 05

As substâncias costumam ser classificadas, segundo seu comportamento perante processo de decomposição, em simples e compostas. Sempre é possível decompor uma substância composta por algum processo em outras substâncias. Observe a representação abaixo:

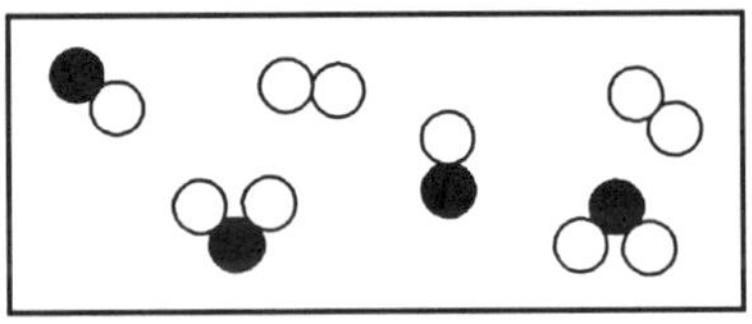

Julgue os itens.

(0) A substância formada por OO pode ser decomposta por algum processo físico.
(1) Existem 4 (quatro) substâncias compostas na representação acima.
(2) Se o oxigênio for representado por O, uma partícula da substância simples oxigênio poderá ser representada por O_2.
(3) A representação acima trata-se de uma substância pura.

Questão 06

Considere o seguinte enunciado:
"Os vários materiais que o homem aproveita da natureza se apresentam na forma de mistura de substâncias. Os componentes dessas misturas devem ser separados e, muitas vezes, submetidos a um processo de purificação". A esse respeito e com relação às substâncias abaixo:

NaCl	$H_2O(L)$	Areia	Gelo	Gasolina
I	II	III	IV	V

Julgue os itens.

(0) O sistema constituído pelas substâncias II e IV é homogêneo, formado por dois componentes distintos.
(1) A separação da mistura formada por II e III pode ser feita por filtração ou decantação.
(2) O sistema constituído por I e II é unifásico e homogêneo.
(3) A mistura constituída pelas substâncias I, II, III e V apresenta 4 (quatro) fases.
(4) Pela evaporação do solvente, consegue-se separar os componentes do sistema constituído de I e II.

Questão 07

O estudo gráfico da mudança de estado nos permite determinar se o material estudado é constituído por um único tipo de partícula; nesse caso, dá-se o nome de substância pura ou simplesmente substância. Se o material estudado é constituído por mais de um tipo de partícula, trata-se de uma mistura. A esse respeito, analise o gráfico abaixo e julgue os itens a seguir.

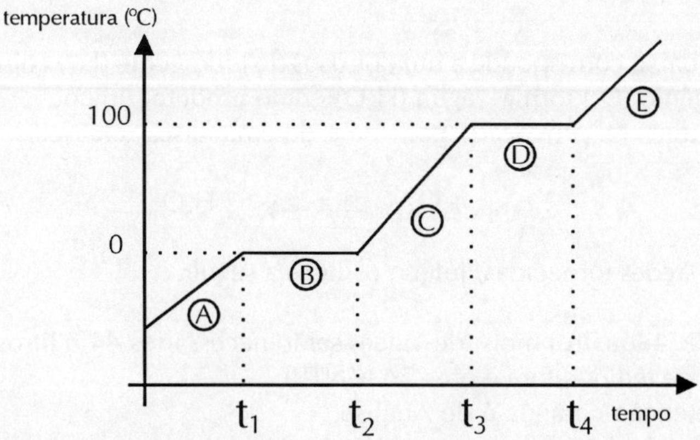

(0) A etapa B representa o material no estado líquido.
(1) Na etapa D coexistem simultaneamente o estado líquido e o de vapor.
(2) O gráfico acima é representativo de uma mistura.
(3) Se o gráfico acima representa a substância água, a etapa C é o estado líquido.

Questão 08

Leia o texto a seguir.

"A película protetora da pele é cada vez mais agredida por agentes ambientais. A crescente poluição do ar, a destruição da camada de ozônio (aumentando a exposição às radiações solares) e o vento aliam-se ao estresse da vida moderna e destroem essa película protetora. Em conseqüência, a pele torna-se ressecada e irritada, perdendo prematuramente sua firmeza e elasticidade".
A destruição da camada de ozônio ocorre segundo as equações:

$$Cl + O_3 \rightarrow ClO + O_2$$
$$ClO + O \rightarrow Cl + O_2$$
$$\overline{O_3 + O \rightarrow 2O_2}$$

Auxiliado por essas informações, julgue os itens a seguir.

(0) A reação acima não obedece a Lei de Lavoisier, pois produz 2 (dois) mols de oxigênio para cada mol de ozônio.
(1) 1 (um) mol de ozônio produz $6{,}0 \times 10^{23}$ moléculas de oxigênio.
(2) A atomicidade do ozônio é 3 (três) e a do oxigênio é 2 (dois).
(3) Oxigênio e ozônio são substâncias alótropas.
(4) Caso a equação acima fosse reversível, permitiria um controle maior na proteção da camada de ozônio.

Questão 09

A reação química abaixo corresponde a um dos usos do hidrogênio (H_2) como combustível. Sua reação com o oxigênio (O_2) forma água (H_2O) como produto único.
A reação entre os dois foi provocada por meio de uma faísca elétrica.

$$2\,H_{2\,(g)} + O_{2\,(g)} \longrightarrow 2\,H_2O_{(l)}$$

Partindo das informações fornecidas, julgue os itens a seguir.

(0) Na obtenção de 4 (quatro) mols de água, serão necessários 44,8 litros de hidrogênio nas condições normais de temperatura e pressão (CNTP).
(1) A reação de obtenção da água é de Análise.
(2) A reação acima possui 2 (duas) substâncias com estado de oxidação Zero.

Questão 10

Os **Flashes fotográficos** descartáveis bastante difundidos há alguns anos são fabricados com um filamento de magnésio metálico que, na hora do "**Clic**", sofre uma reação com o oxigênio do ar.

$$Mg + O_2 \longrightarrow MgO$$

A intensa luz branca que chega a ofuscar nossos olhos deve-se à energia liberada nessa reação.
A respeito do enunciado acima e consultando a tabela periódica, julgue os itens a seguir.
(0) A reação do *flash* fotográfico ocorre com Hr > Hp.
(1) A soma de todos os coeficientes da equação após o balanceamento é igual a 4 (quatro).
(2) Caso o cálcio (Ca) substituísse o magnésio, haveria transferência de elétrons na formação do composto resultante.
(3) O magnésio na equação acima sofre redução, sendo, portanto, o agente oxidante.

Questão 11

Os óxidos são muito abundantes na crosta terrestre. Inúmeros são os minerais e minérios constituídos por óxidos.
O CO_2 é o gás usado nos refrigerantes e nas águas minerais gaseificadas. Nesse caso, ocorre a reação:

$$CO_2 + H_2O \longrightarrow H_2CO_3$$

Forma-se no processo de respiração dos seres vivos (animais e vegetais) e é consumido no processo de fotossíntese realizado pelas plantas, conforme as equações abaixo.

$$\text{(I) seres Vivos} \xrightarrow{\text{respiração}} CO_2$$

$$\text{(II) } CO_2 + H_2O \xrightarrow{\text{fotossíntese}} \text{Hidratos de Carbono}$$

Com respeito ao CO_2 e a importância dos óxidos, julgue os itens abaixo.
(0) Nos seres vivos a produção de CO_2 está em ordem direta com o consumo de oxigênio.
(1) Na fotossíntese (equação II) um dos produtos obtidos pode ser a glicose ($C_6H_{12}O_6$).
(2) O CO_2 é um dos principais componentes responsáveis pelo ***Efeito Estufa***.

Questão 12

Na reação de um pequeno prego de ferro dentro de um copo com ácido clorídrico (HCl), verifica-se a liberação de gás hidrogênio (H_2) e o desaparecimento, com o passar do tempo, do prego.
Esse processo pode ser representado da seguinte maneira:

$$Fe + HCl \longrightarrow H_2 + FeCl_2$$

A esse respeito, julgue os itens que se seguem.
(0) O elemento de potencial de oxidação menor é deslocado pelo elemento de potencial de oxidação maior.
(1) A soma dos coeficientes após devidamente balanceada é igual a 5 (cinco).
(2) O ferro não sofre variação do seu estado de oxidação.
(3) Na reação acima existem 2 (duas) substâncias com número de oxidação nas condições padrões.

Questão 13

Além de sua utilização como sal de cozinha, o cloreto de sódio é também empregado como matéria-prima para a produção, por eletrólise, de hidróxido de sódio e gás cloro, segundo a equação:

$$2\,NaCl + 2\,H_2O \longrightarrow 2\,NaOH + Cl_2 + H_2$$

Determine a massa de hidróxido de sódio, em gramas, produzida a partir de 11,7g de cloreto de sódio.
Massa Molar fornecida: M (Na) = 23,0 g/mol M (Cl) = 35,5 g/mol
M (O) = 16,0 g/mol M (H) = 1,0 g/mol

Questão 14

O **Prêmio Nobel de Química** de 1995 foi concedido a três pesquisadores, o mexicano **Mario Molina**, o americano **F. Sherwood Rowland** e o holandês **Paul Crutzen**, que por mais de vinte anos realizavam pesquisas acerca da destruição da camada de ozônio.

Com um trabalho publicado em 1974 na revista britânica *NATURE* sobre a destruição da camada de ozônio pelos CFCs (clorofluorcarbonetos), Rowland e Molina propuseram que átomos de Cloro, liberados pelos CFCs, participam de reações catalíticas que destroem o ozônio presente na atmosfera terrestre, como exemplificado a seguir:

$$Cl + O_3 \rightarrow ClO + O_2$$
$$ClO + O \rightarrow Cl + O_2$$

Resultado líquido: $O_3 + O \rightarrow 2O_2$

Auxiliado pelas informações contidas no relato e consultando a Tabela Periódica fornecida, julgue os itens a seguir:

(0) A equação de destruição do ozônio é uma reação de análise.
(1) A ligação química entre os átomos nos CFCs ocorre com compartilhamento de elétrons.
(2) A utilização de 5 (cinco) mols de ozônio fornecem 224 litros de oxigênio nas condições normais de temperatura e pressão.
(3) A entalpia (H) da molécula de ozônio é diferente de zero.

Questão 15

O trabalho experimental de **Lavoisier** (1743-1794) foi caracterizado principalmente pelo uso sistemático de instrumento de medição e pelo controle das quantidades dos materiais envolvidos na transformação em estudo. Assim, seu trabalho centrou-se na abordagem quantitativa das transformações.

O experimento abaixo, realizado por Lavoisier, descreve a formação de substâncias com suas observações e conclusões. Analise esse evento e julgue os itens a seguir.

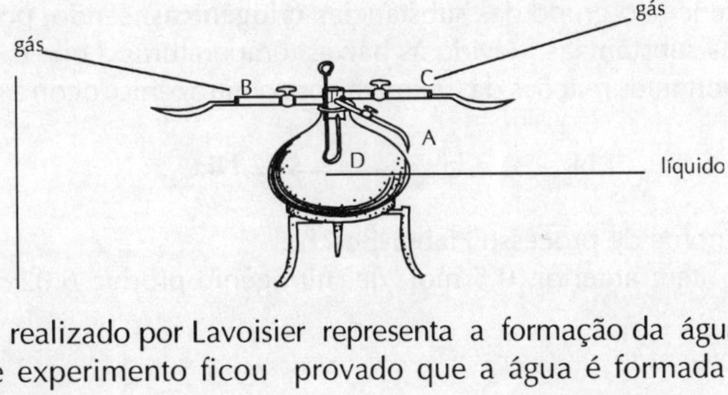

(0) O experimento realizado por Lavoisier representa a formação da água e do gás carbônico.
(1) Mediante esse experimento ficou provado que a água é formada de duas substâncias: oxigênio e hidrogênio.
(2) Pesando o balão antes e depois da operação é fácil conhecer a quantidade de água que é assim obtida, comprovando, assim, a constância das massas.
(3) A formação da água é um processo que ocorre com Hp < Hr.

Questão 16

A transformação do sangue, antes rico em CO_2 e depois rico em O_2, nos pulmões, constitui o fenômeno químico chamado de *Hematose*.
A tabela abaixo mostra a porcentagem dos gases participantes da *Hematose*.

	Ar Inspirado	Ar Expirado
Gás Oxigênio	21%	16%
Dióxido de Carbono	0,04%	4%
Nitrogênio	78%	78%

Auxiliado pelas informações acima, julgue os itens a seguir.

(0) Pela análise da tabela, conclui-se que a parte do oxigênio que não sai do corpo é consumida na respiração celular.
(1) A glicose, nutriente energético, combina-se com o oxigênio para formar dióxido de carbono (CO_2) e água (H_2O), e isto explica a concentração alta de CO_2 no ar expirado.
(2) Os gases oxigênio e o nitrogênio formam moléculas diatômicas e o dióxido de carbono é uma substância composta.

Questão 17

O elemento químico nitrogênio (N), com 78%, é o elemento mais abundante no ar atmosférico.

Existe livre no ar e é encontrado na composição de adubos e fertilizantes. Forma o gás amoníaco (NH_3), sendo também responsável pela formação dos aminoácidos e proteínas. Seu ponto de ebulição é -196 °C.

Utilizando essas informações, julgue os itens a seguir.

(0) O nitrogênio pertence ao grupo das substâncias **criogênicas**, sendo, portanto, utilizado na conservação de outras substâncias, devido às baixas temperaturas a que é submetido.
(1) Uma das mais importantes reações da Química com o nitrogênio, ocorre segundo a equação:

$$N_{2(g)} + 3\,H_{2(g)} \longrightarrow 2\,NH_{3(g)}$$

e é conhecida com o nome de processo Haber-Bosch.
(2) Com relação ao item anterior, 0,5 mol de nitrogênio produz $6{,}02 \times 10^{23}$ moléculas de amônia.

Questão 18

A chuva ácida tem se tornado um dos mais sérios problemas ecológicos de nossso século. A concentração dos óxidos de enxofre e de nitrogênio é que produzem ácidos quando em contato com a água da chuva, que normalmente tem PH em torno de 5,6. Os peixes dos rios e lagos sobrevivem em um pH superior a 4,5. Observe as reações químicas que envolvem a precipitação da chuva ácida e julgue os itens que se seguem.

$$2\,SO_{2(g)} + O_{2(g)} \longrightarrow 2\,SO_{3(g)}$$
$$SO_{3(g)} + H_2O_{(l)} \longrightarrow H_2SO_{4(l)}$$

(0) O dióxido de enxofre ao reagir com a água produz ácido sulfúrico.
(1) Fenômeno observado nas estátuas em Atenas e no Coliseu em Roma, comprova que a chuva ácida transforma a superfície do mármore ($CaCO_3$) em gesso ($CaSO_4$).
(2) As substâncias que as chaminés das indústrias e os escapamentos de automóveis despejam na atmosfera é que são responsáveis pela chuva ácida.
(3) A maioria dos peixes dos rios e lagos conseguem sobreviver em PH igual a 4,5.
(4) A névoa observada na atmosfera, pode ser explicada pelas gotículas de ácido sulfúrico que atraem moléculas de água, formando ácido sulfúrico concentrado.

Questão 19

O mais conhecido efeito global da poluição é o chamado **efeito estufa**. É um processo de aquecimento gradual da terra, ocasionado com o enriquecimento progressivo da atmosfera por alguns gases. A respeito desse fenômeno, julgue os itens abaixo.

(0) O efeito estufa poderá ocasionar baixas temperaturas em locais onde a concentração de gás carbônico é alta.
(1) Gases como gás carbônico (CO_2), metano (CH_4) e clorofluorcarbonos (CFCs) é que são responsáveis pelo efeito estufa.
(2) A emissão de CO_2 para a atmosfera está relacionada com a queima de combustíveis fósseis, o desmatamento e a queima de florestas.
(3) Os países pobres ou subdesenvolvidos são os maiores responsáveis pela poluição de CO_2 na atmosfera, pois falta uma política de esclarecimento acerca das conseqüências daí advindas.

Questão 20

Leia o texto a seguir:

O Sol é vida, mas sob determinadas condições, ele pode tornar-se perigoso.
Na ausência do gás ozônio (molécula triatômica), os raios ultravioleta trariam sérias conseqüências à biosfera. Gases de larga aplicação industrial como os clorofluorcarbonos (CFCs) têm a propriedade de reagir com o ozônio, destruindo-o.

A esse respeito, julgue os itens abaixo.

(0) O gás ozônio é uma variedade alotrópica do oxigênio e possui fórmula química O_3.
(1) Os raios ultravioleta em contato direto com a pele pode causar efeitos nocivos às pessoas, como câncer de pele, mutações genéticas e catarata, entre outros males.
(2) Os freons, gases ideais para o funcionamento de refrigeradores e sistemas de ar-condicionado é que são responsáveis pela destruição da camada de ozônio.
(3) A molécula de ozônio é uma substância simples.

Questão 21

A queima de um pedaço de "Palhinha de aço" pode ser entendida como uma reação entre o ferro (material da palhinha) e o oxigênio (do ar) para formar o óxido de ferro III. Esta reação pode ser representada assim:

$$Fe_{(s)} + O_{2(g)} \longrightarrow Fe_2O_{3(s)}$$

Julgue os itens.

(0) A "palhinha queimada" possui menor massa antes de queimar.
(1) Uma das somas prováveis dos coeficientes após devidamente balanceados é 9.
(2) O oxigênio é o redutor, porque sofre oxidação.
(3) As massas dos componentes em uma reação química se conservam.

Radioatividade

Questão 22

A unidade de medida de energia é a quilocaloria (Kcal). Uma quilocaloria é a quantidade de energia térmica necessária para elevar a temperatura de um litro de água em um grau Celsius. A tabela abaixo mostra a quantidade de energia produzida pela queima de um quilograma de cada tipo de combustível (Kcal/Kg = quilocalorias por quilograma).

Fonte	Energia medida em Kcal/Kg
Gasolina	11.400
Carvão	8.000
Madeira (pinho)	4.500
*GLP (Gás Liquefeito de Petróleo)	11.900
Urânio	200 bilhões

*Gás de cozinha

Com o auxílio dessas informações, julgue os itens abaixo.

(0) Analisando a tabela acima, é mais aconselhável, do ponto de vista econômico e de segurança, que se utililize o urânio em substituição às outras fontes de energia citadas.
(1) A tabela acima fornece 2 (dois) exemplos de reações endotérmicas.
(2) A fissão do urânio é uma reação química com grande liberação de energia.
(3) A decisão da escolha da melhor opção tecnológica entre as várias fontes de energia não pode ser feita simplesmente a partir da quantidade de energia produzida.

Questão 23

Notícia de Jornal de Circulação Nacional no Ano de 1986.

"O reator de uma usina nuclear Soviética pega fogo, explode e joga na atmosfera nuvem radioativa que espalha o medo por toda a Europa."

A nuvem que se forma quando acontece um acidente nuclear como este contém elementos químicos radioativos. Destes, os mais importantes, do ponto de vista *biológico,* são o **iodo** e o **estrôncio.** Esses elementos, quando arrastados pelas chuvas, depositam-se na água, no solo e nas plantas, podendo ser facilmente ingerido pelos animais e pelo homem.
Com base nessas informações e utilizando da equação fornecida abaixo, julgue os itens a seguir.

$$_{92}U^{235} + {}_{0}n^{1} \longrightarrow {}_{38}Sr^{90} + {}_{54}Xe^{143} + 3\,{}_{0}n^{1} + \text{energia}$$

(0) O iodo radioativo pode causar câncer da tireóide, e o estrôncio, quando ingerido, comporta-se de maneira semelhante ao cálcio, isto é, tem afinidade com o tecido ósseo, podendo ocasionar a Leucemia (câncer do sangue).
(1) A equação acima é uma reação nuclear semelhante ao que ocorre nos reatores das usinas nucleares.
(2) O leite de vaca proveniente de uma área contaminada por radioatividade deve ser ingerido para diminuir os efeitos da radiação no organismo humano.

Questão 24

O isótopo $_{53}I^{131}$, utilizado no diagnóstico de moléstias da Tireóide, pode ser obtido pelo bombardeio de $_{52}Te^{130}$, representado a seguir.

$$_{52}Te^{130} + {}_{0}n^{1} \longrightarrow {}_{53}I^{131} + X$$

Utilizando-se das informações acima e de outros conceitos relacionados, julgue os itens que se seguem.
(0) A reação química acima representa uma fusão nuclear.
(1) X corresponde a um próton.
(2) O elemento $_{52}Te^{130}$ pertence à família do tório.
(3) Na fissão nuclear, átomos se unem produzindo núcleos maiores.

Questão 25

Leia o texto a seguir.

As células cancerosas são mais fracas que as normais e, por esse motivo, uma dose controlada de radiação incindindo apenas sobre o local do tumor pode matar apenas as células cancerosas. Esse é o príncipio da chamada **Radioterapia do Câncer**, uma das muitas aplicações pacíficas da radioatividade. Nela são usadas os raios gama provenientes do cobalto-60 ou césio-137. Usando das informações contidas no texto e outros conceitos que envolvem Radioatividade, julgue os itens a seguir.

(0) Na Radioterapia do Câncer, uma dose controlada de radiação no local do tumor pode afetar as células normais.
(1) As radiações Gama apresentam um poder de penetração elevado, quando comparado aos outros tipos de radiações.
(2) Radiações Gama são ondas eletromagnéticas, como, por exemplo, a luz solar.
(3) As radiações Gama apresentam a notação ${}_{0}\gamma^{0}$.
(4) Na emissão de uma radiação Gama, o número atômico e o número de massa do elemento não se alteram.

Questão 26

As tabelas abaixo fornecem dados sobre materiais envolvidos em transformação de energia.

TABELA I

EVENTOS	REAGENTES	PRODUTOS	ENERGIA LIBERADA
Transformação de elementos radioativos nos reatores nucleares	Urânio - 235	Mistura de cerca de 30 elementos, entre eles o plutônio	$2x10^7$ Kcal/g de Urânio - 235

TABELA II

EVENTOS	REAGENTES	PRODUTOS	ENERGIA LIBERADA
Síntese da Amônia	Nitrogênio e Hidrogênio	Amônia	92 Kj

Utilizando essas informações e outros conceitos correlatos, julgue os itens a seguir.
(0) As duas tabelas fornecem eventos que ocorrem na eletrosfera do Átomo.
(1) A reação da tabela I é exotérmica e a da tabela II é endotérmica.
(2) A reação da tabela I trata-se de uma fissão nuclear com alta liberação de energia nos produtos.
(3) A tabela I fornece o exemplo de uma reação nuclear e a tabela II de uma reação química.

Questão 27

A radioatividade pode ser utilizada atualmente de diversas maneiras: na elaboração de artefatos nucleares com alto poder de destruição, como a bomba atômica, a bomba de hidrogênio, etc. A aplicação pacífica pode trazer muitos benefícios à humanidade, como a datação pelo carbono 14, a aplicação de radioisótopos na medicina, a produção de energia elétrica por reatores atômicos. A respeito do assunto, analise a equação abaixo e julgue os itens a seguir.

$$^{235}_{92}U + ^{1}_{0}n \longrightarrow ^{142}_{56}Ba + ^{91}_{36}Kr + 3\,^{1}_{0}n + \text{energia}$$

(0) A reação acima corresponde à fusão nuclear do urânio, semelhante ao que ocorre no interior do Sol.
(1) Utiliza-se a água pesada (D_2O) ao invés da água comum (H_2O) para refrigerar os reatores atômicos, pois o D_2O absorve em menor quantidade os nêutrons, e, dessa forma, facilita mais a fissão do urânio.
(2) Chernobyl (ex-URSS), Three Mile Islands (USA) são exemplos de acidentes nucleares envolvendo reatores atômicos.
(3) As radiações ionizantes podem ser utilizadas para aumentar a conservação de alimentos, como o pescado fresco.
(4) A reação acima descrita, relativamente controlada, pode ser utilizada em reatores nucleares para produção de energia.

Questão 28

Acidentes nucleares como o de Chernobyl (ex-URSS), em 1986, e Goiânia, em 1987, às vezes coloca em xeque os vários programas nucleares em andamento nos diversos países. Um dos perigos das radiações reside no tempo de desintegração do elemento radioativo, que varia de minutos a centenas de anos.
Um elemento radioativo de 2 gramas decai por radiação Beta, atingindo 1/8 gramas após 40 horas. Calcule em horas a meia-vida desse elemento.

Estrutura Atômica

Questão 29

O cientista inglês **John Dalton** (1766 -1844) elaborou uma teoria denominada **Teoria Atômica de Dalton** que pudesse justificar as constatações experimentais a respeito do comportamento da matéria.

Com relação ao assunto, julgue os itens abaixo.

(0) Átomos de um mesmo elemento químico possuem propriedades diferentes quando formam substâncias simples ou combinados a outros elementos.
(1) Átomos de elementos diferentes possuem propriedades físicas diferentes e químicas iguais.
(2) A afirmação de Dalton, de que o átomo é indivisível, não invalida a importância de sua teoria a respeito do comportamento da matéria.
(3) Toda espécie de matéria é constituída de átomos.

Questão 30

O elemento químico hélio constitui 0,000001% da massa do planeta e 23% da massa do universo visível. Por não ser tóxico, ele é usado em mistura com o oxigênio para tratamento de asma, pois assim se reduz o esforço muscular da respiração. O hélio possui número atômico 2 (dois) e massa molar 4 (quatro).

A esse respeito, julgue os itens a seguir.

(0) O hélio, por possuir elétrons próximo ao núcleo, apresenta alta energia de ionização.
(1) Os gases nobres são chamados de raros porque não se combinam com nenhum outro elemento químico.
(2) A reação: ${}_1H^1 + {}_1H^3 \longrightarrow {}_2He^4$ + Energia pode ocorrer no interior do Sol.
(3) O hélio no seu estado fundamental possui 2 (dois) nêutrons no seu núcleo e 2 (dois) elétrons na eletrosfera.

Questão 31

Linnus Pauling (1901 - 1994) notabilizou-se por suas grandes contribuições à Química. Por seus trabalhos científicos recebeu, em 1954, o Prêmio Nobel de Química, e, em 1962, por sua ação pacifista, o Prêmio Nobel da Paz. Elaborou na Química um diagrama de distribuição de elétrons, conhecido pelo nome de diagrama de Pauling. Observe a distribuição abaixo e julgue os itens a seguir.

$$1s^2\ 2s^2\ 2p^4$$

(0) Segundo o diagrama de Pauling, os subníveis acima estão em ordem decrescente de energia.
(1) O elemento químico acima descrito possui 3 camadas de elétrons.
(2) O elemento acima possui 6 elétrons na camada de valência.
(3) O átomo no seu estado fundamental possui 4 elétrons.
(4) O subnível de maior energia é o $2p^4$.

Questão 32

O número de massa de um dado elemento químico consiste na soma do número atômico com o número de nêutrons. Os átomos podem apresentar igual número de massa ou o mesmo número atômico. Analise os átomos hipotéticos abaixo e julgue os itens que se seguem.

$${}_7A^{14} \quad {}_{12}B^{24} \quad {}_{11}C^{23} \quad {}_7D^{15}$$

(0) Os átomos representados por **A** e **D** apresentam propriedades químicas diferentes, pois possuem diferentes números de massa.
(1) **B** e **C** são isótonos.
(2) Os átomos representados por **A** e **D** podem ser de um mesmo elemento químico.
(3) O número de nêutrons no núcleo de **B** é igual a 12.
(4) O átomo representado por **C** no seu estado fundamental possui 23 (vinte e três) elétrons.

Classificação periódica

Questão 33

As substâncias **criogênicas**, também conhecidas como **Gases Criogênicos**, recebem essa denominação devido às baixas temperaturas de ebulição que apresentam, conforme mostra a tabela.

Gases	Temperatura de Ebulição (Celsius)
Hélio	- 268,936
Neônio	- 246,05
Argônio	- 185,86
Criptônio	- 152,30
Xenônio	- 107,0
Nitrogênio	- 195,8
Oxigênio	- 182,962
Dióxido de Carbono Sólido	- 78,5

A respeito do assunto e consultando a tabela periódica, julgue os itens que se seguem.

(0) A tabela acima apresenta 8 (oito) substâncias simples.

(1) A substância oxigênio é diatômica e é isótopa do ozônio.

(2) A 196 graus Celsius negativos, o nitrogênio se encontra no estado líquido.

(3) O símbolo do argônio é Ag.

(4) Os gases nobres ou raros são substâncias de estrutura eletrônica estáveis e estão todos representados na tabela acima.

Questão 34

Os compostos químicos existentes na natureza são formados de átomos. Os átomos são representados por símbolos, como, por exemplo, O **C** representa o carbono, O **H** representa o hidrogênio, e assim por diante. Esses átomos acham-se organizados em uma tabela periódica dos elementos químicos. Examine-a abaixo e julgue os itens a seguir.

H																	He
Li	Be											B	C	N	O	F	Ne
Na	Mg											Al	Si	P	S	Cl	Ar
K	Ca	Sc	Ti	V	Cr	Mn	Fe	Co	Ni	Cu	Zn	Ga	Ge	As	Se	Br	Kr
Rb	Sr	Y	Zr	Nb	Mo	Tc	Ru	Rh	Pd	Ag	Cd	In	Sn	Sb	Te	I	Xe
Cs	Ba	La	Hf	Ta	W	Re	Os	Ir	Pt	Au	Hg	Tl	Pb	Bi	Po	At	Rn
Fr	Ra	Ac	Unq	Uno	Unn												

Ce	Pr	Nd	Pm	Sm	Eu	Gd	Tb	Dy	Ho	Er	Tm	Yb	Lu
Th	Pa	U	Np	Pu	Am	Cm	Bk	Cf	Es	Fm	Md	No	Lr

(0) Os elementos Na e K possuem algumas propriedades semelhantes e também o mesmo número de elétrons de valência.
(1) O cálcio possui número atômico 19.
(2) A ligação química no CaO ocorre por meio da transferência de elétrons.
(3) O símbolo químico do fósforo é F.
(4) Os átomos potássio e cálcio pertencem ao mesmo período.
(5) Os gases nobres ou raros, a partir do neônio, possuem 8 (oito) elétrons de valência.

Questão 35

Em 1869, o químico russo **D. Mendeleyev** organizou os elementos químicos conhecidos na época em uma classificação Periódica. Manteve o cuidado de deixar algumas lacunas vazias, prevendo que iriam ser preenchidas com novos elementos a serem descobertos.
Analise a tabela periódica abaixo, já preenchida com os elementos previstos por **Mendeleyev** e julgue os itens a seguir.

H																	He
Li	Be											B	C	N	O	F	Ne
Na	Mg											Al	Si	P	S	Cl	Ar
K	Ca	Sc	Ti	V	Cr	Mn	Fe	Co	Ni	Cu	Zn	Ga	Ge	As	Se	Br	Kr
Rb	Sr	Y	Zr	Nb	Mo	Tc	Ru	Rh	Pd	Ag	Cd	In	Sn	Sb	Te	I	Xe
Cs	Ba	La	Hf	Ta	W	Re	Os	Ir	Pt	Au	Hg	Tl	Pb	Bi	Po	At	Rn
Fr	Ra	Ac	Unq	Uno	Unn												

Ce	Pr	Nd	Pm	Sm	Eu	Gd	Tb	Dy	Ho	Er	Tm	Yb	Lu
Th	Pa	U	Np	Pu	Am	Cm	Bk	Cf	Es	Fm	Md	No	Lr

(0) A tabela proposta por Mendeleyev era organizada, obedecendo às propriedades físicas dos elementos.
(1) O raio atômico do magnésio é maior que o do cálcio.
(2) O hélio (He), por possuir elétrons próximo ao núcleo, apresenta potencial de ionização elevado.
(3) A ligação química entre o cálcio e o enxofre é por compartilhamento de elétrons.
(4) Os átomos em uma placa de manganês (Mn) encontram-se envoltos em uma nuvem de elétrons.

Questão 36

O marfim, de que é formada a presa do elefante, tem a mesma constituição da dentina, o material que fica abaixo do esmalte do dente. Ambos são constituídos de fosfato de cálcio, $Ca_3(PO_4)_2$, e matéria orgânica, mas a estrutura do marfim é um pouco diferente, o que o torna mais duro.

Com relação ao enunciado e fundamentado em outros conceitos, julgue os itens a seguir.

(0) O fosfato de cálcio é um composto molecular.
(1) Conduz corrente elétrica em meio aquoso.
(2) Possui ligação covalente no íon $(PO_4)_2^{---}$.
(3) A dentina apresenta na sua constituição o $Ca_3(PO_4)_2$ com 3 (três) átomos de cálcio, 2 (dois) de fósforo e 8 (oito) de oxigênio.

Questão 37

A deficiência de vitamina C (ácido ascórbico) no organismo causa o escorbuto, uma doença caracterizada por mudanças patológicas nos dentes e gengivas.
Graças a sua bem conhecida propriedade antioxidante, a vitamina C promove a redução do Iodo a Iodeto, que em solução aquosa e na ausência de metais pesados é incolor.
A equação química que descreve o fenômeno é:

$$\underset{\text{ácido ascórbico}}{C_6H_{12}O_6} + \underset{\text{iodo}}{I_2} \longrightarrow \underset{\text{ácido deidroascórbico}}{C_6H_6O_6} + \underset{\text{ácido iodídrico}}{2\,HI}$$

Julgue os itens abaixo, utilizando dessas informações.
(0) O ácido ascórbico sendo um composto molecular, conduz corrente elétrica em solução aquosa.
(1) O iodo molecular (I_2) na equação acima é uma molécula Polar.
(2) O iodo na equação acima descrita não variou o seu estado de oxidação.
(3) Substância antioxidante é aquela que neutraliza a ação de uma outra substância que sofreu redução.

Questão 38

As cores vivas que vemos nos fogos de artifício são produzidas principalmente por metais alcalinos terrosos. O magnésio é usado para fazer o branco brilhante. Os compostos de estrôncio formam o vermelho muito vivo, e os compostos do bário fazem o verde.

Com o auxílio dessas informações, julgue os itens a seguir.

(0) O símbolo químico do magnésio, estrôncio e bário é respectivamente, Mg, St e Ba.
(1) Esses átomos podem formar ligações químicas com o oxigênio por meio da transferência de elétrons.
(2) O magnésio no composto $Mg(OH)_2$ é uma base e recebe o nome de hidróxido de magnésio.
(3) Os metais alcalinos terrosos estão situados na família 1A da tabela periódica.

Questão 39

A idéia de que substâncias condutoras de corrente elétrica no estado líquido sejam constituídas por átomos, carregados positiva ou negativamente pode ser utilizada para explicar às observações relativas à condutividade. Entretanto, existem substâncias que não conduzem corrente elétrica, mesmo no estado líquido. À temperatura ambiente o cloreto de sódio, NaCl, é sólido e o cloreto de hidrogênio,HCl, é um gás. Estas duas substâncias podem ser líquidas em temperaturas adequadas.

Levando em conta essas considerações, julgue os itens abaixo.

(0) O cloreto de sódio, NaCl, no estado líquido é um bom condutor de corrente elétrica, mas o cloreto de hidrogênio (HCl) não o é.
(1) Tanto o cloreto de sódio como o cloreto de hidrogênio quando em solução aquosa, conduzem corrente elétrica ,e isto é explicado porque ocorre a ionização dessas substâncias.
(2) O cloreto de sódio, NaCl, é um composto iônico e o cloreto de hidrogênio, HCl, é um composto covalente.
(3) A transferência de elétrons entre os átomos ocorre tanto no NaCl como no HCl.

Questão 40

Na natureza os elementos químicos podem ser encontrados unidos a outros elementos diferentes formando os compostos ou formando substâncias simples.
O sal de cozinha (NaCl) largamente utilizado na alimentação humana é formado pelos elementos sódio e cloro. O açúcar comum ($C_{12}H_{22}O_{11}$) é consumido diariamente na alimentação. Já o oxigênio e o nitrogênio são consumidos na respiração e são encontrados livres natureza.

A respeito dessas informações, julgue os itens a seguir.

(0) Na necessidade de se utilizar uma pequena corrente elétrica para acender uma lanterna, é mais aconselhável utilizar uma solução aquosa contendo açúcar comum ao invés do sal de cozinha.
(1) O sal de cozinha ou o açúcar comum dissolvido em qualquer proporção na água, formará sempre um sistema unifásico.
(2) O açúcar ($C_{12}H_{22}O_{11}$) apresenta ligação iônica entre seus átomos constituintes.
(3) A mistura resultante dos gases oxigênio e nitrogênio forma um sistema monofásico.

Questão 41

Uma solução fisiológica de cloreto de sódio é comumente vendida nas farmácias com o nome de soro fisiológico. É utilizada para limpeza de lentes de contatos, nebulização, limpeza de escoriação. Cada 100ml de solução contém:

cloreto de sódio $\longrightarrow$ 0,9g

A respeito do soro fisiológico, julgue os itens abaixo.
(0) O cloreto de sódio é quimicamente classificado como um óxido.
(1) Uma solução de soro fisiológico conduz corrente elétrica.
(2) A ligação entre os átomos no cloreto de sódio ocorre por compartilhamento de elétrons.
(3) 1 (um) litro de solução de soro fisiológico contém 9g de cloreto de sódio.

Questão 42

Ao dissolver as substâncias cloreto de sódio (NaCl), hidróxido de sódio (NaOH), ácido acético glacial (CH_3COOH) e açúcar ($C_{12}H_{22}O_{11}$) em água, observa-se a condução de corrente elétrica, com exceção do açúcar. A condução de corrente elétrica não ocorre quando algumas dessas substâncias estão no estado sólido.

A respeito desse assunto, julgue os itens que se seguem.

(0) O NaCl, NaOH e CH_3COOH nos leva à suposição de que nesta solução existem íons livres em movimento como Na^+ e H^+, daí a condução elétrica quando dissolvidos na água.
(1) O NaCl é um composto iônico e o $C_{12}H_{22}O_{11}$ é um composto covalente.
(2) O açúcar, quando dissolvido em água, possui suas moléculas dissociadas com a formação de íons, e isso explica a sua solubilidade.
(3) A água, como solvente, pode interagir igualmente com todos os solutos acima.
(4) O NaCl pode ser obtido pela reação entre os ácido clorídrico (HCl) e o hidróxido de sódio (NaOH).

Questão 43

As moléculas são formadas por átomos unidos por ligações covalentes e podem apresentar, na sua constituição, desde dois até milhares de átomos. A disposição espacial dos núcleos desse átomos irá determinar diferentes formas geométricas para as moléculas. Analise os compostos abaixo e julgue os itens a seguir.

SO_3	O_3	CH_4	H_2O
I	II	III	IV

(0) O composto II e o composto IV apresentam a mesma polaridade molecular.
(1) Os compostos I, II, III e IV ligam-se através de seus átomos por ligação covalente Polar.
(2) O composto III apresenta geometria tetraédrica.
(3) O composto II é um gás à temperatura normal e é de grande interesse e importância ambiental.
(4) A reação química de I com IV, pode ocasionar um fenômeno conhecido como **chuva ácida.**

Questão 44

Considere os compostos: $Ca_2 (PO_4)_3OH$, conhecido como hidroxiapatita, mineral presente em ossos e dentes. NaCl, composto utilizado na alimentação humana. O_3, variedade alotrópica do oxigênio.
Julgue os itens a seguir.

(0) Em todos os compostos ocorre transferência de elétrons entre os seu átomos.
(1) A condução de eletricidade quando em solução aquosa ocorre no NaCl mas não no O_3.
(2) O composto O_3 possui a capacidade de absorver os raios ultravioleta, provenientes da luz solar.
(3) Ocorre ligação iônica e covalente entre os átomos no composto $Ca_2(PO_4)_3OH$.
(4) O NaCl possui como estrutura, um aglomerado de cristais sólidos.
(5) A geometria molecular do composto O_3 é tetraédrica.

Oxidação - Redução

Questão 45

Em muitos foguetes, utiliza-se a reação entre a hidrazina (N_2H_4) e o tetróxido de dinitrogênio (N_2O_4).

$$2\,N_2H_{4(l)} + N_2O_{4(l)} \longrightarrow 3\,N_{2(g)} + 4\,H_2O_{(g)}$$

Durante essa reação, a expansão dos gases produzidos fornece a energia mecânica necessária para que o foguete se movimente e consiga escapar da gravidade da terra.
Com relação ao enunciado descrito, julgue os itens a seguir.

(0) O N_2O_4 sofre redução e é, portanto, o oxidante.
(1) O estado de oxidação do N_2 é igual a -3.
(2) A ligação entre os átomos no tetróxido de dinitrogênio ocorre com transferência de elétrons.
(3) O oxigênio apresenta variação do seu estado de oxidação.

Questão 46

Uma pessoa consome, por ano, em média, através da alimentação, entre 3 e 5Kg de sal (a média mundial é 5Kg, mas a do Brasil fica em 3Kg, segundo dados da Associação Brasileira de Extratores e Refinadores de Sal - Abersal). A falta de sódio gera fraquezas, apatia, náuseas e cãimbras. O excesso também é prejudicial, pois à medida que o organismo retém água, o líquido aumenta o volume sanguíneo, provocando a hipertensão.

Auxiliado por essas informações, julgue os itens abaixo.

(0) O sal de cozinha é a reunião entre moléculas de sódio e moléculas de cloro.
(1) O sal pode ser obtido na reação entre o ácido clorídrico (HCl) e a soda cáustica (NaOH).
(2) O sal apresenta um aglomerado de íons na sua estrutura, ocasionando transferência de elétrons de um átomo à outro.
(3) O sal quando em solução aquosa, possui a propriedade de condução elétrica.

Questão 47

As substâncias inorgânicas possuem larga aplicação na indústria e são consumidas diariamente. A soda cáustica (NaOH), está presente nos limpadores de forno e desentupidores de pia. É também aplicada na fabricação de sabão. As baterias dos automóveis contêm H_2SO_4.
Ácido muriático é o nome do HCl impuro.

A respeito do assunto, julgue os itens abaixo.

(0) O H_2SO_4 recebe o nome de ácido sulfuroso.
(1) A reação entre a soda cáustica e o ácido muriático ocorre neutralizando o pH e formando água.
(2) O estado de oxidação do enxofre no H_2SO_4 é +4.
(3) Uma solução 10^{-3}M de vinagre (CH_3COOH) é mais ácida que uma solução 10^{-2}M de ácido muriático (HCl).

Questão 48

Os sais são substâncias encontradas em fontes naturais.
O sal de cozinha (NaCl) é usado na alimentação, e nesse caso vem adicionado de iodeto (NaI) para evitar o bócio. O carbonato de cálcio ($CaCO_3$) é usado na obtenção de cal viva (CaO), na fabricação do vidro e do cimento Portland. O bicarbonato de sódio ($NaHCO_3$) é um antiácido estomacal, pois neutraliza o excesso de HCl no suco gástrico.

A respeito desses Sais e de suas aplicações, julgue os itens a seguir.

(0) Uma das fontes de obtenção do cloreto de sódio e de sais de magnésio é a água do mar, através da evaporação do solvente.

(1) O calcário sofre a ação da chuva ácida sofrendo transformação, segundo a equação:

$$CaCO_3 + H_2SO_4 \longrightarrow CaSO_4 + CO_2 + H_2O$$

(2) O bicarbonato de sódio é um sal ácido.

(3) O bicarbonato de sódio atua na acidez estomacal da seguinte forma:

$$NaHCO_3 + HCl \longrightarrow NaCl + CO_2 + H_2O$$

(4) Os átomos ligam-se entre si em cada um dos sais acima, através de transferência de elétrons.

Questão 49

O bicarbonato de sódio ($NaHCO_3$) é muito utilizado como fermento de pães e bolos. O crescimento da massa deve-se à liberação de CO_2 obtido pela decomposição do bicarbonato de sódio, de acordo com a reação abaixo:

$$2\ NaHCO_3 \longrightarrow Na_2CO_3 + CO_2 + H_2O$$

Utilizando essas informações, julgue os itens abaixo.

(0) O bicarbonato de sódio é um sal básico.

(1) A reação acima ocorre com liberação de calor.

(2) Na reação acima existem 2 (duas) substâncias classificadas quimicamente como óxidos.

(3) Será liberado 11,2 litros de gás carbônico por mol de $NaHCO_3$ nas Condições Normais de Temperatura e Pressão (CNTP).

Questão 50

O controle da acidez ou basicidade de um meio é denominado *"Controle de pH"*.
Uma brincadeira que se utiliza para determinar essa acidez ou basicidade é conhecida como **sangue do diabo** e é composta dos seguinte componentes:

1. Vidro contendo hidróxido de amônio (NH_4OH).
2. Mistura em partes iguais de água e álcool etílico.
3. Um comprimido de Lacto-Purga (laxante cujo princípio ativo é a fenolftaleína).

Tomando por base essas informações, julgue os itens a seguir.

(0) A solução contendo os componentes 1, 2 e 3 adquirirá uma coloração vermelha intensa.
(1) O hidróxido de amônio sofrerá decomposição, de acordo com a reação:

$$NH_4OH_{(aq)} \longrightarrow NH_{3(g)} + H_2O_{(l)}$$

(2) Com relação ao item anterior, o NH_4OH é uma base, o NH_3 é um hidreto e H_2O é um óxido.
(3) A fenolftaleína é um indicador ácido-base que na solução de NH_4OH adquirirá uma coloração incolor, indicando que o meio é ácido.

Questão 51

O princípio da solubilidade química afirma que **semelhante dissolve semelhante**.
Baseando-se neste princípio, foi feita a seguinte experiência.
Nos tubos de ensaio abaixo (I, II e III), a fase superior é água (H_2O) e a inferior é tetracloreto de carbono (CCl_4).
No tubo de ensaio II, foi adicionado sulfato de cobre ($CuSO_4$), que se dissolve, dando cor azul.
No tubo de ensaio III foi colocado bromo (Br_2), conferindo-lhe cor alaranjada.

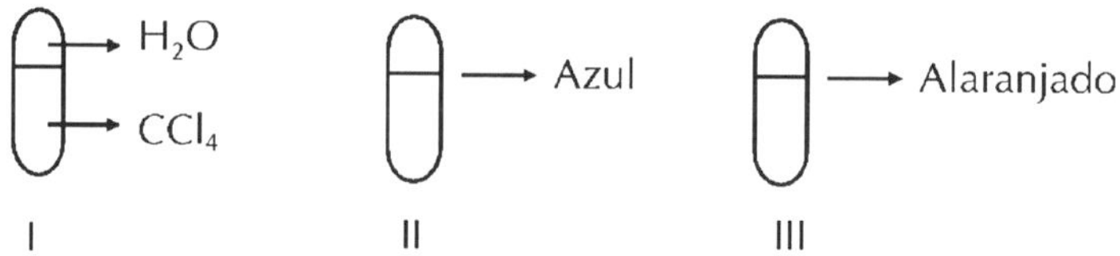

Auxiliado por essas informações, julgue os itens a seguir.

(0) No tubo II, o sulfato de cobre ($CuSO_4$) reage com a água (H_2O), pois o $CuSO_4$ sendo composto iônico, tende a se dissolver preferencialmente em composto polar.
(1) O bromo (Br_2) colocado no tubo de ensaio III é um composto apolar.
(2) Se no tubo III a água for substituído por $HCCl_3$, este não reagirá com o Br_2.
(3) No tubo III há dissolução dos componentes bromo (Br_2) e tetracloreto de carbono (CCl_4), confirmando com isso, o princípio da solubilidade.

Questão 52

Os sais são muito comuns em nosso cotidiano. O sal comum, está presente em nossa comida diária; O bicarbonato de sódio, é usado como antiácido; O sulfato de sódio (sal de Glauber) e o sulfato de magnésio são usados como purgantes. Observe as estruturas dos sais abaixo.

Na_2SO_4	$NaHCO_3$	NaCl	$MgSO_4$
(I)	(II)	(III)	(IV)

Julgue os itens.

(0) O composto II é um sal ácido.
(1) O cloreto de sódio é o NaCl.
(2) O composto IV é obtido da reação entre o ácido sulfúrico (H_2SO_4) e o óxido de magnésio (MgO).
(3) O composto III conduz corrente elétrica quando em solução aquosa.
(4) O composto I apresenta ligação iônica e covalente entre seus átomos.

Gases

Questão 53

Analise o texto a seguir.

"Os gases expelidos pelos automóveis e chaminés de fábricas estão, geralmente, mais quentes que o ar atmosférico que se encontra sobre o local.
Contudo, em certas circunstâncias decorrentes da complexa movimentação das massas de ar (assunto estudado pela Meteorologia), a camada de ar acima de uma cidade pode ficar mais quente que a inferior. Assim, quando ocorre o fenômeno da *Inversão Térmica*, a dispersão dos poluentes é grandemente dificultada, o que é especialmente prejudicial nos grandes centros urbanos."

Utilizando das informações contidas no texto e sobre o comportamentos dos gase, julgue os itens a seguir.

(0) Na *Inversão Térmica* os gases poluentes não conseguem subir, pois estão mais densos que a camada superior.
(1) Os modernos balões dirigíveis são enchidos com o gás hélio, em substituição ao hidrogênio, isso porque o hidrogênio, apesar de ser menos denso, é extremamente explosivo.
(2) O gases expelidos pelos automóveis e chaminés de fábricas podem contribuir tanto para o *efeito estufa* como para a *chuva ácida*.

Questão 54

Robert Boyle (1627-1691) filósofo e naturalista inglês estudou os gases com afinco.
Criou a hipótese de que a pressão dos gases é devida ao choque das partículas, fato admitido até hoje pela *Teoria cinética dos Gases.*
Em 1787, o francês **Jacques Charles** (1746 -1823), interessado na construção de balões de ar quente, investigou detalhadamente o comportamento dos gases quando submetidos a variações de temperatura. Em 1802, o francês **Joseph Gay - Lussac** (1778 -1850), formalizou os resultados de Charles sob a forma de gráficos das transformações isocóricas e isobáricas.

Considerando essas informações e outros conceitos referentes aos estudo dos gases, julgue os itens a seguir.

(0) Uma pessoa solta um balão de borracha ao ar livre. Considerando a temperatura do gás contido nele como constante, a uma certa altura o balão vai estourar.
(1) Um pneu velho e desgastado de um carro, após rodar grandes distâncias, sofre um aquecimento que, por sua vez, acarreta aumento da pressão interna que pode provocar o estouro. Isto confirma a Lei das Transformações Isocóricas.
(2) Balões de borracha que são colocados dentro de um recipiente contendo nitrogênio líquido a -196 °C sofrerão uma expansão de volume.

Soluções

Questão 55

Soluções são sistemas nos quais às substâncias componentes são dados os nomes de soluto e solvente. A medida pela qual uma quantidade de soluto pode se dissolver ou não em um determinado solvente é chamado grau de solubilidade.
Auxiliado por essas informações, julgue os itens que se seguem.

(0) Solução é uma mistura homogênea de várias substâncias.
(1) A água e o álcool possuem graus de solubilidade infinito; neste caso, diz-se que são totalmente imiscíveis.
(2) Quando a quantidade do soluto é grande em relação à do solvente, tem-se uma solução diluída.
(3) Gráficos de curvas de solubilidade apresentam variação das substâncias em função da temperatura.
(4) Soluções supersaturadas contêm menos soluto que o estabelecido pelo grau de solubilidades.

Termoquímica

Questão 56

Para funcionarem, os músculos "queimam" glicogênio (polissacarídeo sintetizado no organismo, a partir da glicose, $C_6H_{12}O_6$), usando para isso o oxigênio trazido pelo sangue.
A energia liberada é usada para realizar trabalho mecânico.

Com respeito a essas informações, julgue os itens a seguir.

(0) Durante a realização de exercícios físicos intensos, ocorre um processo de combustão sem oxigênio, que resulta na formação de ácido lático que se acumula nos músculos e provoca câimbras e fadiga.
(1) Na "queima" do glicogênio temos Hp > Hr.
(2) A glicose ($C_6H_{12}O_6$) é um composto covalente e não conduz corrente elétrica em nenhum estado físico.
(3) A "queima" do glicogênio é um processo exotérmico.

Questão 57

Leia o texto a seguir.

"Radar Norte-Americano localiza depósito de gelo na lua."
Os cientistas acreditam na possibilidade de se instalar ali uma fábrica de combustível espacial. Assim, se poderá utilizar água para beber, ou decompô-la em hidrogênio e oxigênio para respirar, ou ainda para fabricar combustível espacial. A mudança de estado da água ocorre segundo a equação:

$$H_2O_{(s)} \longrightarrow H_2O_{(l)}$$

Pelas informações fornecidas, julgue os itens abaixo.

(0) A transformação da água do estado sólido para o estado líquido ocorre com absorção de energia.
(1) A mudança da água de um estado a outro é uma transformação química.
(2) A decomposição da água forma oxigênio, que é uma molécula diatômica.
(3) A transformação: $H_2O_{(l)} \rightarrow H_2O_{(s)}$ possui Hp < Hr.

Questão 58

Notícia de um jornal de grande circulação local no ano de 1991.
"País já tem 22 milhões de diabéticos."
A Diabetes Mellitus é uma disfunção hormonal que faz com que o organismo produza pouca ou nenhuma insulina, hormônio necessário à queima da glicose ($C_6 H_{12} O_6$) para produção de energia.

Utilizando-se das informações acima, julgue os itens que se seguem.

(0) A queima da glicose para produção de energia ocorre com absorção de energia.
(1) A glicose ($C_6 H_{12} O_6$) conduz corrente elétrica em solução aquosa.
(2) Em situações com alto índice de insulina no organismo, o índice de glicose também será alto.
(3) Na queima da glicose, a energia própria dos reagentes (Hr) é maior que a energia própria dos produtos (Hp).

Questão 59

A obesidade é freqüentemente uma complicação perigosa e o paciente obeso é advertido para emagrecer para melhorar a saúde. Dietas hipocalóricas (baixas calorias), como o exemplo abaixo, são orientadas a pacientes obesos.

Alimentos	Carboidratos (gramas)	Proteínas (gramas)	Gorduras (gramas)
Leite desnatado	24	16	–
Pão	75	10	–
Carne Magra	–	56	24

A energia gasta pelo organismo é a seguinte.

Carboidratos ———— 4 Kcal/g
Proteínas ———— 4 Kcal/g
Gorduras ———— 9 Kcal/g

Julgue os itens.

(0) Se o indivíduo obeso consumir 48 gramas de leite desnatado, gastará 128 Kcal de proteínas.
(1) A queima dos alimentos acima descritos apresenta uma variação de entalpia (ΔH) maior que zero.
(2) A ingestão dos alimentos acima ocorre com liberação de calor, tratando-se, pois, de uma reação exotérmica.

Eletroquímica

Questão 60

A figura abaixo representa uma pilha usada em relógios e cronômetros.

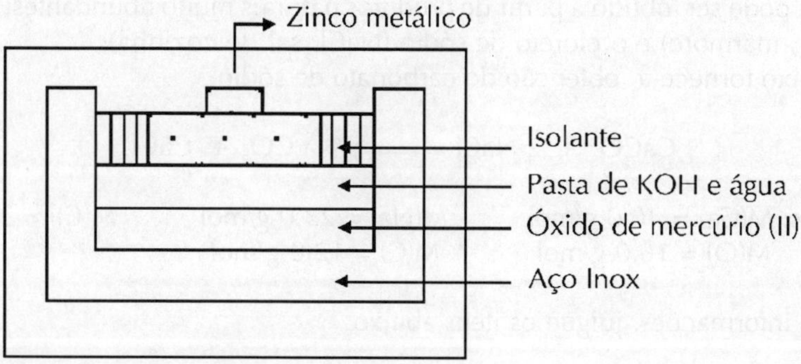

As reações que ocorrem nessa pilha são:

$$Zn_{(s)} \longrightarrow Zn^{+2} + 2\,é$$
$$HgO_{(s)} + H_2O_{(l)} + 2\,é \longrightarrow Hg_{(l)} + 2OH^-_{(aq)}$$

Julgue os itens a seguir.
(0) Os elétrons partem do eletrodo de zinco, também chamado de ânodo.
(1) Com o funcionamento da pilha, a quantidade de HgO aumenta.
(2) O eletrodo de zinco sofre oxidação.
(3) O mercúrio (Hg) nessa pilha é o redutor.

Questão 61

A bateria de automóveis possui dois tipos de eletrodos (de PbO_2 e de Pb^o), mantidos em solução de H_2SO_4. A equação correspondente à reação envolvida na geração de energia é:

$$PbO_2 + Pb^o + 2H_2SO_4 \longrightarrow 2PbSO_4 + 2H_2O$$

Julgue os itens.

(0) Nos eletrodos de PbO_2 ocorre oxidação.
(1) O elemento chumbo sofre oxidação nos eletrodos de Pb^o e redução nos eletrodos de PbO_2.
(2) O estado de oxidação do chumbo no PbO_2 é +4.
(3) Nos eletrodos de Pb^o há perda de elétrons.

Questão 62

O carbonato de sódio (Na_2CO_3), usado na fabricação do vidro, é encontrado na natureza em quantidades mínimas.
Ele, entretanto, pode ser obtido a partir de produtos naturais muito abundantes: o carbonato de cálcio ($CaCO_3$, mármore) e o cloreto de sódio (NaCl, sal de cozinha).
A equação abaixo fornece a obtenção do carbonato de sódio.

$$CaCO_3 + 2\ NaCl \longrightarrow Na_2CO_3 + CaCl_2$$

Massas Molares: M(Ca) = 40,0 g/mol M(Na) = 23,0 g/mol M(Cl) = 35,5 g/mol
M(O) = 16,0 g/mol M(C) = 12,0 g/mol

A partir dessas informações, julgue os itens abaixo.

(0) A reação química acima é de deslocamento simples.
(1) A partir de 400g de $CaCO_3$ serão obtidos 4 (quatro) mols de Na_2CO_3.
(2) Para cada mol de NaCl são necessárias $3{,}01 \times 10^{23}$ moléculas de Na_2CO_3.

Questão 63

Os relâmpagos ocasionam a quebra de moléculas do gás nitrogênio, possibilitando que átomos deste elemento possam ser fixados a outros elementos. A fixação de átomos de nitrogênio a átomos de oxigênio forma o óxido de nitrogênio de acordo com a equação química (não balanceada).

$$N_2 + O_2 \longrightarrow NO$$

O óxido de nitrogênio é então levado ao solo pelas chuvas, fertilizando-o. Algo em torno de 1 (um) quilograma de NO é produzido por cada relâmpago.
Massas Molares: M(N) = 14,0 g/mol M(O) = 16,0 g/mol

Com essas informações, julgue os itens a seguir.

(0) Pela equação acima, para cada mol de nitrogênio é produzido 2 (dois) mols de óxido de nitrogênio.
(1) Com 56g inicial de N_2 será formado 120g de NO.
(2) Nas Condições Normais de Temperatura e Pressão (CNTP), em cada mol de nitrogênio será obtido 22,4 litros de óxido de nitrogênio.

Questão 64

Nas receitas para fazer bolos é muito utilizado um fermento químico chamado sal bicarbonato de amônio, também chamado de carbonato ácido de amônio.
Quando aquecido, esse sal se decompõe em gás carbônico, amônia e água. Partindo-se de 158g de fermento que apresenta 50% de pureza em carbonato ácido de amônio, calcule a massa (em gramas) de gás carbônico obtida.
Reação fornecida:

$$NH_4HCO_{3(s)} \longrightarrow CO_{2(g)} + NH_{3(g)} + H_2O_{(g)}$$

Massas Molares: M(N) = 14,0 g/mol M(H) = 1,0 g/mol
M(C) = 12,0 g/mol M(0) = 16,0 g/mol

Questão 65

Um dentista em seu consultório resolveu fazer uma comparação entre as quantidades de flúor existentes em duas diferentes pastas de dente.
A tabela a seguir apresenta as massas dos compostos fluorados presentes em cada tubo das pastas A e B.

Pasta	Massa do composto fluorado
A	0,21g de NaF
B	1,28g de Na_2PO_2F

Massa Molar fornecida: O = 16,0 g/mol F = 19,0 g/mol
Na = 23,0 g/mol P = 31,0 g/mol.

Auxiliado por essa informações, julgue os itens a seguir.

(0) São necessários 0,096g de flúor para reagir com a massa da pasta A.
(1) A massa de flúor da pasta B é maior do que a massa de flúor da pasta A.
(2) O número de oxidação do fósforo no Na_2PO_2F é +3.
(3) Os átomos que compõem a pasta A ligam-se entre si por meio de ligação Eletrovalente.

Questão 66

A idéia de Fórmula Química surgiu como uma forma de expressar as quantidades de substâncias elementares que se combinam.
Observe as fórmulas químicas abaixo.

H_2O	H_2SO_4	Na_2SO_4	H_2
a	b	c	d

Julgue os itens.

(0) A fórmula química da substância **a** demonstra que uma molécula de hidrogênio se combina com 1 (um) átomo de oxigênio.
(1) As fórmulas químicas acima descritas possuem uma proporção estabelecida pela lei de Proust.
(2) As substâncias **a** e **d** são compostas.
(3) 1 (um) mol da substância **d** possui $6{,}02 \times 10^{23}$ moléculas nas Condições Normais de Temperatura e Pressão (CNTP).

Questão 67

A atmosfera da terra consiste basicamente em nitrogênio e oxigênio, somados a pequenas quantidades de gás carbônico e elementos raros.
A fixação de átomos de nitrogênio a átomos de oxigênio forma o óxido de nitrogênio (NO), segundo a equação química (não-balanceada).

$$N_2 + O_2 \longrightarrow NO$$

Utilizando-se dessas informações e de outros conceitos referentes às reações químicas, julgue os itens a seguir.

(0) Uma das somas prováveis dos coeficientes da equação após o balanceamento é 5 (cinco).
(1) O estado de oxidação do nitrogênio não variou.
(2) A fórmula química do gás carbônico é CO.
(3) Cada mol de nitrogênio fornece 2 (dois) mols de óxido de nitrogênio.

Questão 68

Lê-se num rótulo de um recipiente alimentar, comumente vendido nos supermercados: "Papinha preparada com: banana, açúcar, farinha de aveia e suco de limão".

Informação Nutricional	
Nutrientes	Por pote (140g)
Proteínas	2,2g
Gorduras	0,5g
Carboidratos	31,8g
Minerais	0,5g
Energia	140Kcal

Com o auxílio dessas informações, julgue os itens a seguir.

(0) Serão necessários 280 Kcal para cada 4,4g de proteínas consumidas.
(1) Se a massa dos nutrientes for triplicada, serão gastos 430 Kcal.
(2) Gorduras mais minerais fornecem 4 Kcal do total.

Questão 69

Quando a glicose é oxidada pelo corpo humano, cerca de 50% da energia liberada nessa reação ficam disponíveis para atividade muscular.
Calcule quanto deste tipo de energia (disponível) pode ser obtido pela oxidação de 18g de glicose. **Divida o resultado por dez**
Equação química fornecida:

$$C_6H_{12}O_{6(s)} + 6\ O_{2(g)} \longrightarrow 6\ CO_{2(g)} + 6\ H_2O_{(l)} \quad \Delta H = -2800\ Kj$$

Massas Molares: C = 12,0 g/mol O = 16,0 g/mol
H = 1,0 g/mol

Questão 70

Em nossa vida diária, encontramos reações químicas lentas (queima de madeira) e rápidas (explosão de uma granada). Tais reações químicas são afetadas por fatores como, superfície de contato, temperatura, dentre outros, que podem afetar a velocidade no sentido de aumentá-la ou diminuí-la. O gráfico abaixo representa as variações das massas de um pequeno pedaço de ferro e de uma esponja de ferro (palha de aço usada em limpeza doméstica) expostos ao ar (mistura de nitrogênio, oxigênio, e outros gases além de vapor d'água).

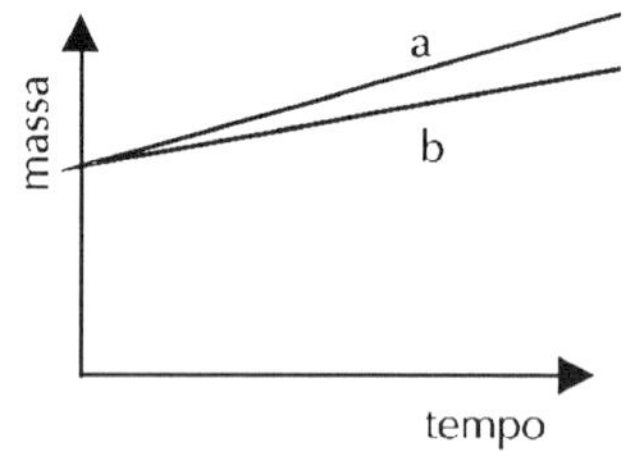

Baseando-se nessas informações, julgue os itens a seguir.

(0) As massas da esponja e do pedaço de ferro aumentam com o tempo.
(1) No gráfico acima, **a** representa a esponja de ferro, **b** representa o pequeno pedaço de Ferro.
(2) A **Teoria das Colisões** pode explicar a reação ocorrida com o pedaço de ferro e a esponja de ferro expostos ao ar.

Questão 71

F. Haber (Prêmio Nobel - 1918) e **C. Bosch** (Prêmio Nobel - 1931) foram os responsáveis pelo desenvolvimento do processo de obtenção da amônia (NH_3), a partir do nitrogênio (N_2) e do hidrogênio (H_2), processo hoje conhecido com o nome de **Haber – Bosch**, em homenagem a esses dois grandes cientistas. O trabalho de **Haber** e **Bosch** foi de fundamental importância para a produção de fertilizantes nitrogenados, o que permitiu um aumento considerável na produção mundial de alimentos; por esse motivo, o processo **Haber – Bosch** é considerado uma das maiores contribuições da química para a humanidade.
A equação abaixo (não-balanceada) corresponde à formação da amônia.

$$N_{2(g)} + H_{2(g)} \longrightarrow NH_{3(g)}$$

Partindo de 140g de nitrogênio, calcule a massa (em gramas) de amônia assim obtida.
Massa Molar fornecida: M(N) = 14,0 g/mol   M(H) = 1,0 g/mol

Divida o resultado por 10.

Questão 72

O italiano Lorenzo Romano Amedeo Carlos **Avogadro** (1776 - 1856) formou-se em Direito e exerceu a profissão por muitos anos. Em 1800 abandonou a advocacia para se dedicar à ciência. Em 1811 ele sugeriu pela primeira vez a hipótese que leva o seu nome: **"Volumes iguais de dois gases quaisquer, nas mesmas condições de temperatura e pressão, contêm igual número de moléculas"**. A partir dessa hipótese e considerando outros conceitos relativos aos gases, julgue os itens a seguir.

(0) Em condições bem determinadas, o número de moléculas encontradas em um mol de um gás corresponde a $6{,}02 \times 10^{23}$.
(1) Na evolução histórica da Química, a hipótese de Avogadro conduziu ao moderno conceito de Mol.
(2) Nas mesmas condições de temperatura e pressão, o volume molar encontrado em 2 (dois) mols de gás oxigênio é igual a 44,8 litros.

Questão 73

Na tabela que se segue são apresentados os dados referentes a dois diferentes experimentos sobre uma mesma reação química. Nesta reação forma-se um único produto.

Experiência	Massa dos Reagentes (g)		Massa dos Produtos (g)
	X	Y	Z
1	4	**a**	20
2	**b**	80	**c**

Julgue os itens.

(0) A proporção existente entre as massas dos reagentes nesta reação é 2:8.
(1) A reação química acima obedece a lei de Lavoisier.
(2) A proporção existente entre a massa da substância **b** consumida no processo e a massa do produto **c** formada é 1:5.
(3) A massa de y necessária para que fossem produzidos 40g do produto é 30g.

Questão 74

Antoine Laurent **Lavoisier** (1743-1794), o iniciador da Química Moderna, por volta de 1775, realizou vários experimentos. Em um deles aqueceu 100g de mercúrio em presença do ar dentro de um recipiente de vidro fechado, obtendo 58g de óxido vermelho de mercúrio, tendo ficado, ainda sem reagir 50g de mercúrio. Calcule, em gramas, a massa de oxigênio que seria necessária para reagir com todo o mercúrio inicial.

Questão 75

A produção do minério de ferro em alto-forno é processada segundo a equação química abaixo:

$$2Fe_2O_{3(s)} + 6C_{(s)} + 3O_{2(g)} \longrightarrow 4Fe_{(s)} + 6CO_{2(g)}$$

Dados fornecidos: Mol (Fe) = 56,0 g/mol — Mol (O) = 16,0 g/mol
Mol (C) = 12,0 g/mol

Julgue os itens a seguir.

(0) A massa de ferro produzida a partir de 3.200g de óxido de ferro (III) é 2.240g.
(1) O volume de gás carbônico obtido nas CNTP (Condições Normais de Temperatura e Pressão) é 112 L.
(2) A quantidade de matéria (mols) de ferro obtida a partir da transformação de 5,0 mols de óxido de ferro (III), usando quantidades suficientes das demais substâncias, é 10 mols.
(3) O Fe_2O_3 é o agente oxidante.

Questão 76

Em uma combinação química, os componentes estão em proporções iguais, fixas e invariáveis. As propriedades dos componentes são substituídas por novas propriedades. Como, por exemplo, na reação de formação da água oxigenada:

$$H_2 + O_2 \longrightarrow H_2O_2$$

Calcule o volume de oxigênio necessário para reagir com 5g de hidrogênio, nas Condições Normais de Temperatura e Pressão (CNTP).
Considere os dados: M (O) = 16,0g/mol, M (H) = 1,0g/mol.

Cinética Química

Questão 77

Enzimas são proteínas grandes e complexas que atuam como catalisadores em processos biológicos. Elas abaixam a energia de ativação da reação por meio da formação de uma estrutura de transição, o complexo ativado.
A enzima denominada **zimase**, elaborada pelo organismo *Saccharomyces cerevisae*, é um catalisador específico para a reação da queima da glicose.

$$C_6H_{12}O_6 \xrightarrow{\text{zimase}} 2\ C_2H_5OH + 2\ CO_2$$

Com relação ao assunto, julgue os itens abaixo.

(0) A enzima zimase atua na reação acima, aumentando a velocidade da reação.
(1) A reação de queima da gicose ocorre com liberação de energia.
(2) Catalisadores são substâncias que atuam em uma reação, sendo consumidos totalmente.

Questão 78

A fim de testar seus conhecimentos acerca da velocidade das reações, um estudante elaborou as seguintes assertivas fazendo as devidas anotações.

I- A fim de adoçar mais rapidamente uma xícara de chá, podemos utilizar o açúcar refinado ou o açúcar cristal.
II- Na digestão dos alimentos ocorre uma série de reações químicas. Nessa situação, costuma-se mastigar bem os alimentos.
III- A pólvora negra é uma mistura de três sólidos: carvão, salitre e enxofre. Esses sólidos se apresentam triturados e não em pedaços.

Com relação às assertivas feitas pelo estudante e utilizando dos conceitos de cinética química, julgue os itens abaixo.

(0) No adoçamento de uma xícara de chá mais rapidamente, é mais aconselhável que se utilize o açúcar refinado ao invés do açúcar cristal.
(1) Na digestão dos alimentos, é aconselhável aumentar a mastigação, pois, dessa forma, serão mais triturados, aumentando a superfície de contato e, dessa forma, facilitando a digestão.
(2) Os componentes da pólvora sendo triturados, na hora da explosão, demorarão mais para explodir, dando, assim, mais tempo para as pessoas procurarem um abrigo seguro.
(3) Nas três situações descritas, o aumento da superfície de contato faz com que as reações químicas se processem com maior rapidez.

Equilíbrio Químico

Questão 79

Os corais são encontrados somente em águas quentes. Um dos componentes dos corais, o carbonato de cálcio ($CaCO_3$) coexiste em equilíbrio, segundo a equação:

$$CaCO_{3(s)} + CO_{2(aq)} + H_2O_{(l)} \rightleftharpoons Ca(HCO_3)_{2(aq)}$$

Auxiliado por essas informações, julgue os itens a seguir:

(0) Em mares frios, há muito CO_2 dissolvido na água e o equilíbrio acima desloca-se para a direita, consumindo o $CaCO_3$, um dos componentes dos corais.
(1) Em mares quentes, há pouco CO_2 dissolvido, provocando a dissolução do $CaCO_3$.
(2) Uma diminuição da concentração de CO_2 sobre o equilíbrio acima vai favorecer a formação dos corais.

Questão 80

Os cálculos renais popularmente conhecidos como **pedras nos rins** são agregados cristalinos formados por alguns sais, dentre eles o fosfato de cálcio, que se forma pela reação entre os íons cálcio e fosfato presentes no sangue, segundo a equação:

$$3\ Ca^{++}_{(aq)} + 2\ PO_4^{---}{}_{(aq)} \rightleftharpoons Ca_3(PO_4)_{2(aq)}$$

Alimentos ricos em cálcio devem ser evitados, pois estimulam a formação do fosfato de cálcio.

Com base nessas informações, julgue os itens a seguir.

(0) Um aumento de pressão no equilíbrio acima vai favorecer a formação das "pedras nos rins".
(1) Um aumento da concentração de íons Fosfatos (PO_4^{---}) auxilia no tratamento das "pedras nos rins".
(2) Alimentos como o leite deve ser indicado para diminuir as "pedras nos rins".

Questão 81

Em naves espaciais, o gás carbônico produzido na respiração dos astronautas é eliminado por meio da reação com o hidróxido de lítio.

$$CO_{2\ (g)} + 2\ LiOH_{(s)} \rightleftharpoons Li_2CO_{3(s)} + H_2O_{(g)}$$

Utilizando-se das informações acima e outros conceitos que envolvem equilíbrio químico, julgue os itens a seguir.

(0) Aumentando a quantidade de Li_2CO_3, os astronautas encontrarão dificuldade em respirar.
(1) A expressão da constante de equilíbrio acima é dada por $K = \frac{[H_2O]}{[CO_2]}$.
(2) Um aumento de pressão no equilíbrio diminuirá os níveis de gás carbônico na nave espacial.
(3) O aumento da temperatura favorecerá as reações exotérmicas num sistema em equilíbrio.

Questão 82

O gás $COCl_2$, conhecido como **fosgênio**, foi usado na Primeira Guerra Mundial como arma química. A síntese desse gás ocorre segundo a equação:

$$CO_{(g)} + Cl_{2(g)} \rightleftharpoons COCl_{2(g)}$$

A respeito desse gás, julgue os itens que se seguem:

(0) Relativamente à produção de fosgênio, menos pessoas poderiam morrer se fosse retirado monóxido de carbono (CO) do equilíbrio.
(1) Aumentando a quantidade de um dos componentes dos reagentes na reação direta, o equilíbrio não será afetado.
(2) A retirada de Cl_2 aumentará a formação do fosgênio.

Questão 83

Os sistemas químicos baseiam-se em algumas características. Os sistemas ácidos caracterizam-se pela liberação de íon hidrogênio (H^+). Os sistemas básicos baseiam-se na liberação de íon hidroxila (OH^-). A tabela abaixo mostra a característica de alguns sistemas. Considerando os sistemas acima, 100% ionizados, julgue os itens abaixo.

Sistema	$[H^+]$
Vinagre	10^{-3}
Saliva	10^{-6}
Clara de Ovo	10^{-8}

(0) Todos os sistemas acima são formados por substâncias ácidas.
(1) O pOH da Saliva é igual a 6.
(2) O Vinagre é mais ácido que a Clara de Ovo.
(3) O pH do Vinagre é igual a 3.
(4) Acrescentando uma gota de Vinagre a uma gota de Saliva, a solução se tornará neutra.

Questão 84

Na alta atmosfera ou em laboratório, sob a ação de radiações eletromagnéticas (Ultravioleta, ondas de rádio etc.), o ozônio é formado por meio da reação endotérmica.

$$3O_{2(g)} \rightleftharpoons 2O_{3(g)}$$

Baseando-se nessas informações, julgue os itens a seguir.

(0) O favorecimento da formação do ozônio é obtido com o aumento da temperatura.
(1) O aumento da pressão vai favorecer a formação do gás oxigênio.
(2) A retirada de gás ozônio vai deslocar o equilíbrio para a direita.
(3) A destruição da camada de ozônio ocorre com uma retirada de O_2 do equilíbrio.
(4) O equilíbrio acima demonstra que a concentração dos gases é constante.

Questão 85

Entre as várias transformações reversíveis de grande interesse para qualquer sociedade industrial, está a síntese da amônia, que envolve a interação dos gases nitrogênio e hidrogênio, segundo a equação:

$$N_{2(g)} + 3H_{2(g)} \rightleftharpoons 2NH_{3(g)} + 92\ Kj$$

A importância econômica da amônia pode ser avaliada pelo esquema abaixo, que se refere às matérias-primas utilizadas.

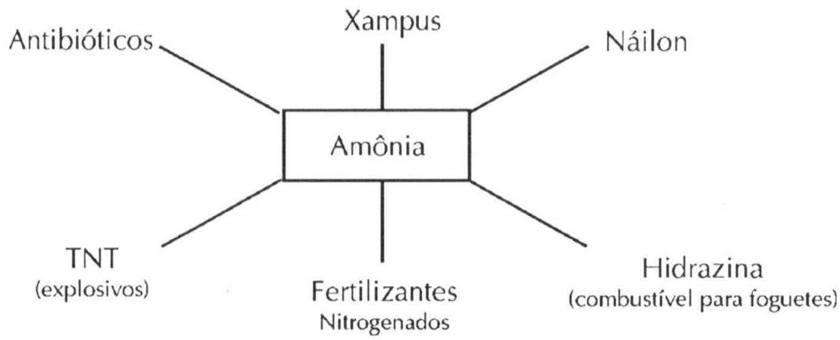

Auxiliado por estas informações, julgue os itens.

(0) A síntese de obtenção da amônia (NH_3) demonstra que é um processo exotérmico.
(1) Países desenvolvidos produzem uma quantidade maior de amônia quando comparados a países subdesenvolvidos.
(2) Aumentando-se a pressão, o equilíbrio se deslocará no sentido da formação do $N_{2(g)}$.
(3) Um aumento de temperatura vai favorecer a formação de amônia (NH_3).
(4) A equação acima demonstra que o estado de oxidação do nitrogênio não variou.

Questão 86

Peixes e outros animais aquáticos podem ser destruídos quando as águas de rios ou lagos tornam-se muito ácidas. A destruição dos peixes envolve os equilíbrios:

$$(1)\ HCO^{-}_{3(aq)} + H^{+}_{(aq)} \rightleftharpoons CO_{2(aq)} + H_2O_{(l)}$$
$$(2)\ CO_3{}^{2-}{}_{(aq)} + 2H^{+}_{(aq)} \rightleftharpoons CO_{2(aq)} + H_2O_{(l)}$$

Utilizando-se dessas informações, julgue os itens a seguir.

(0) Um aumento de pressão afeta o equilíbrio em (2).
(1) A acidez da água é aumentada quando se acrescenta íons $CO_3{}^{2-}$.
(2) O acréscimo de $CO_{2(aq)}$ nos equilíbrios (1) e (2) diminuirá a destruição dos peixes.

Questão 87

A transformação: $CO_{(g)} + 2H_{2(g)} \rightleftharpoons CH_3OH + 92\ Kj$
representa a formação de metanol (CH_3OH), álcool usado como combustível nas corridas de Fórmula Indy.

Julgue os itens.

(0) A formação do metanol é uma transformação exotérmica.
(1) O aumento da pressão favorecerá a formação do metanol.
(2) Um aumento de temperatura deslocará o equilíbrio no sentido da formação do CO.

Questão 88

Pessoas podem morrer envenenadas se no ar inspirado existir CO em elevada concentração (700 a 800 ppm[2]). Esta substância forma com a hemoglobina a carboxi-hemoglobina. A formação dos produtos pode ser desfavorecida quando se injeta azul de metileno diretamente na corrente sanguínea do indivíduo. Observe a formação da carboxi-hemoglobina abaixo e julgue os itens a seguir.

$$\underset{\text{Hemoglobina}}{Hb + CO} \rightleftharpoons \underset{\text{Carboxi-Hemoglobina}}{HbCO}$$

(0) O azul de metileno quando injetado no indivíduo tem maior tendência de interagir com o CO do que este com a hemoglobina.
(1) Aumentando a concentração de hemoglobina (Hb), em nada afeta o equilíbrio acima.
(2) A diminuição da pressão no equilíbrio, diminui os riscos de vida do indivíduo.

Questão 89

O transporte de oxigênio (O_2) dos pulmões às células dos organismos dos vertebrados é uma das principais funções da hemoglobina do sangue no processo respiratório. Esse transporte é feito pela interação da hemoglobina com o oxigênio do ar inspirado. Devido a isto, forma-se o complexo chamado oxi-hemoglobina representado pela notação HbO.

$$Hb + O_2 \rightleftharpoons HbO_2$$

Hemoglobina (Vermelho Arroxeado) — Oxi-Hemoglobina (Vermelho)

Julgue os itens.

(0) A formação da oxi-hemoglobina libera uma certa quantidade de energia, sendo, portanto, exotérmica.
(1) Se for aumentada a concentração de oxigênio, a cor vermelha será intensificada.
(2) A hemoglobina (Hb) não reage com o oxigênio, se for aumentada a pressão.

Questão 90

Numa reação química, a formação de novos materiais vai depender de fatores tais como: concentração, pressão, temperatura, etc. Estes fatores podem alterar um equilíbrio químico na formação tanto dos reagentes como dos produtos. Analise as equações químicas abaixo:

$$\text{I - } H_2O_{(l)} + 4Kj \rightleftharpoons H_2O_{(g)}$$
$$\text{II - } 2SO_{2(g)} + O_{2(g)} \rightleftharpoons 2SO_{3(g)} + 192Kj$$
$$\text{III - } CO_{(g)} + 2H_{2(g)} + 91Kj \rightleftharpoons CH_3OH_{(g)}$$

Julgue os itens.

(0) As equações I, II e III são exotérmicas.
(1) Um aumento de pressão na equação II vai favorecer a formação de SO_3.
(2) Uma diminuição de temperatura na equação III vai favorecer a formação dos materiais iniciais.
(3) a equação III possui $\Delta H = -91Kj$ para cada mol de metanol formado.

Questão 91

As reações químicas em equilíbrio podem ser afetadas por diversos fatores, tais como pressão, temperatura e concentração. Estes fatores podem afetar na rapidez de uma transformação. Considere a transformação.

$$\underset{\text{Incolor}}{N_2O_{4(g)}} - 58{,}0\ Kj \rightleftharpoons \underset{\text{Castanho}}{2NO_{2(g)}}$$

No quadro que esse segue, foram coletadas observações no estudo dessa transformação.

Variação da temperatura	**Efeito observado na intensidade da cor (marrom-avermelhada)**
25 °C a 100 °C	Intensificação da cor
25 °C a 0 °C	Enfraquecimento da cor
0 °C a 25 °C	Intensificação da cor
100 °C a 25 °C	Enfraquecimento da cor

Julgue os itens.

(0) Um aumento de temperatura favorece a formação de NO_2.
(1) Um aumento de temperatura favorece tanto as reações endotérmicas quanto as exotérmicas.
(2) A intensificação da cor é observada claramente pelo aumento da temperatura.

Questão 92

O conhecimento da expressão de Kc (constante de equilíbrio) e das concentrações de equilíbrio dos participantes da transformações possibilita realizar cálculos para determinar tanto o valor numérico da constante como as concentrações de produtos e reagentes na mistura em equilíbrio. Considere a ordem de grandeza dos valores de Kc (à mesma temperatura) relativos à síntese de cloreto, brometo e iodeto de hidrogênio representadas pelas respectivas equações.

$$H_{2(g)} + Cl_{2(g)} \rightleftharpoons 2HCl_{(g)} \qquad Kc = 1{,}0x10^{17}$$
$$H_{2(g)} + Br_{2(g)} \rightleftharpoons 2HBr_{(g)} \qquad Kc = 1{,}0x10^{9}$$
$$H_{2(g)} + I_{2(g)} \rightleftharpoons 2HI_{(g)} \qquad Kc = 1{,}0x10^{1}$$

Julgue os itens a seguir.

(0) O gás com maior tendência de reagir com o hidrogênio é o iodo.
(1) Haverá maior favorecimento na formação do cloreto de hidrogênio (HCl) do que iodeto de hidrogênio (HI).

(2) A constante de equilíbrio para a formação do brometo de hidrogênio (HBr) é: $\frac{[HBr]^2}{[H_2]+[Br_2]}$

Questão 93

A amônia (NH_3) é um produto de grande importância industrial. É utilizada na obtenção de combustível de foguetes, na fabricação de xampus, na produção de germicidas, na fabricação de explosivos, fertilizantes nitrogenados, etc. A indústria de fertilizantes consome cerca de 90% da produção brasileira de amônia.
A equação abaixo envolve a interação dos gases nitrogênio e hidrogênio na formação da amônia.

$$N_{2(g)} + 3H_{2(g)} \rightleftharpoons 2NH_{3(g)} + 92\ Kj$$

Julgue os itens.

(0) Grande parte da produção mundial de amônia é obtida pelo processo Haber-Bosch, mediante a transformação de nitrogênio e hidrogênio.
(1) A formação da amônia ocorre com absorção de calor.
(2) Aumentando a quantidade de nitrogênio (N_2) haverá maior formação de amônia (NH_3).
(3) Aumentando a pressão o equilíbrio não se altera.

Questão 94

Uma reação química ocorre quando vários fatores atuantes propiciam a formação de novos materiais. Reação química reversível é quando os novos materiais formados podem reverter aos materiais iniciais. Uma reação química importante para o organismo humano é a que mantém o pH do sangue em torno de 7,4, representada abaixo:

$$H_2CO_{3(aq)} \rightleftharpoons H^+_{(aq)} + HCO^-_{3\ (aq)}$$

Julgue os itens.

(0) Se a concentração de ìons $H^+_{(aq)}$ for baixa, ocorre a transformação no sentido direto.
(1) O pH do sangue é mantido se a concentração de H_2CO_3 for aumentada.
(2) Mantendo-se a pressão constante, o equilíbrio favorecerá a formação do íon carbônico (HCO^-_3).
(3) O sangue apresenta pH ligeiranente ácido.
(4) O íon HCO^-_3 funciona como uma Base de Bronsted.

Questão 95

O pH (potencial Hidrogeniônico) de uma substância vai indicar se o meio é ácido ou básico. O pH inferior a 7 (sete) a substância é dita ácida. O pH igual a 7 (sete) a substância é classificada como neutra. Numa escala acima de 7 até 14, trata-se de uma substância básica. Considerando essas informações, calcule o pH do NaOH em solução 0,0001M, supondo-se 10% ionizado.

Orgânica - Funções Orgânicas

Questão 96

A Dopamina, uma droga capaz de suprimir comportamentos psicóticos e perturbadores, com um mínimo de sonolência (os chamados tranqüilizantes) , possui a estrutura abaixo:

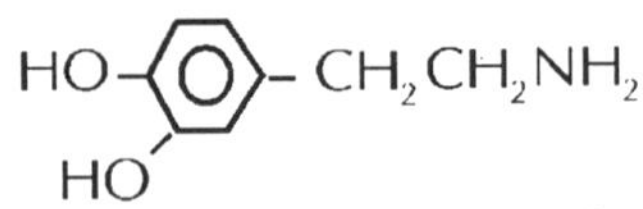

Dopamina

julgue os itens:

(0) A dopamina é um álcool, pela presença de OH^- (oxidrila) em sua estrutura.
(1) A dopamina é um composto cíclico alicíclico.
(2) Esse composto apresenta em sua estrutura o grupamento das aminas primárias.
(3) A dopamina apresenta fórmula molecular mínima $C_8H_{11}O_2N$.
(4) Pertence à função aminoálcool.

Questão 97

O Colesterol, um resíduo do metabolismo das gorduras, possui a estrutura abaixo. Analise-a e julgue os itens.

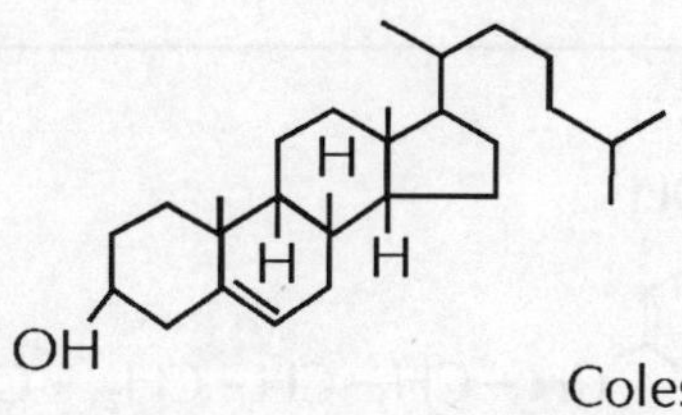

Colesterol

(0) O Colesterol é um lipídeo.
(1) É um composto homocíclico insaturado.
(2) Pertence à função álcool.
(3) Apresenta em sua estrutura pelo menos um anel aromático.
(4) Apresenta caráter ácido mais acentuado que os ácidos carboxílicos de igual número de carbonos.
(5) Pode formar Pontes de Hidrogênio com outras moléculas do mesmo composto, devido à presença de OH.

Questão 98

Examine a fórmula da Cortisona, um esteróide antiinflamatório, utilizado em ferimentos e julgue os itens abaixo.

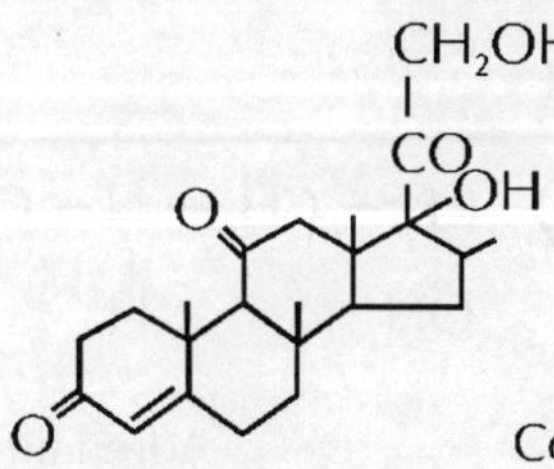

Cortisona

(0) A Cortisona possui em sua estrutura as funções álcool e cetona.
(1) Possui 27 átomos de hidrogênio em sua estrutura.
(2) É um composto heterocíclico insaturado.
(3) Possui somente hibridação sp^3 entre seus átomos de carbono.
(4) Apresenta ligações predominantemente covalentes entre seus átomos.

Questão 99

A substância tetra-hidro-canabinol (THC) é o principal componente ativo da maconha, conhecida também como marijuana, cujo uso freqüente e continuado tem sido responsável por graves problemas sociais. O uso da maconha provoca uma secura acentuada na boca e produz distorções auditivas e visuais. A respeito do THC com estrutura abaixo, julgue os itens a seguir.

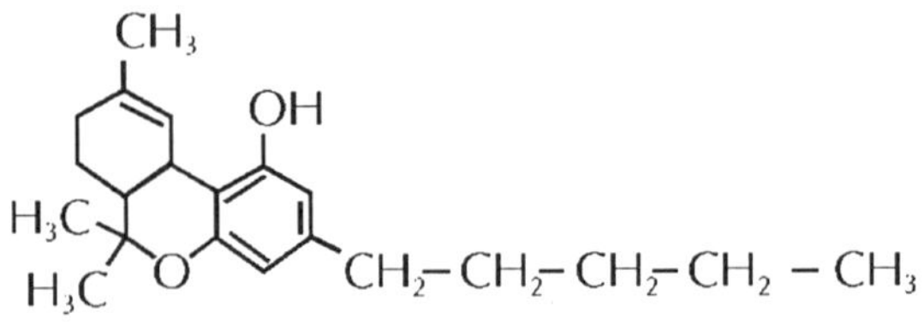

Tetra-Hidro-Canabinol (THC)

(0) O THC possui em sua estrutura o grupamento fenol.
(1) É um composto homocíclico insaturado.
(2) Produz na pessoa dependente uma ingestão significativa de líquidos.
(3) Possui hibridação sp^2 e sp^3 entre seus átomos de carbonos.
(4) Apresenta cinco átomos de carbonos primários em sua estrutura.

Questão 100

A Adrenalina é uma substância secretada em nosso organismo em momentos de tensão, tendo a capacidade de aumentar a pressão sangüínea, a contração cardíaca e a pulsação. A Adrenalina possui a estrutura abaixo.
Julgue os itens a seguir.

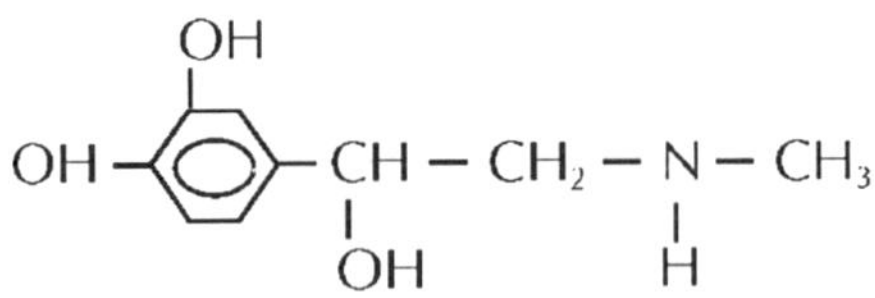

Adrenalina

(0) As funções fenol, álcool e amina estão presentes na Adrenalina.
(1) Existe um grupamento característico das aminas terciárias.
(2) O nitrogênio é o átomo mais eletronegativo na molécula de Adrenalina.
(3) Existem 10 (dez) átomos de hidrogênio na estrutura da Adrenalina.

Questão 101

O ácido Para-aminobenzóico (PABA) absorve radiações ultravioleta, sendo usado na preparação de bronzeadores e protetores solares. O ácido Para-aminobenzóico possui a estrutura abaixo:

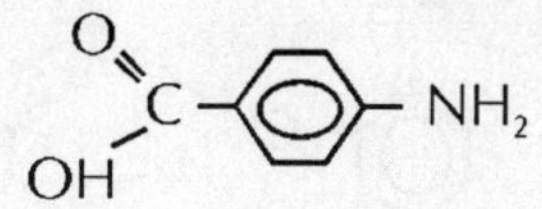

Ácido Para-Aminobenzóico

Julgue os itens.

(0) O ácido Para-aminobenzóico pertence ao grupo das amidas.
(1) É isômero de posição do ácido orto-aminobenzóico.
(2) Possui fórmula molecular $C_7H_7O_2N$.
(3) É um composto cíclico alicíclico.

Questão 102

O álcool etílico é o mais utilizado de todos os álcoois e, muito provavelmente, foi uma das primeiras substâncias orgânicas obtidas pelo homem a partir de processos de fermentação. Seu ponto de fusão é -115 °C e o de ebulição é 78,5 °C. Auxiliado por essas informações e com a estrutura abaixo do álcool etílico, julgue os itens a seguir.

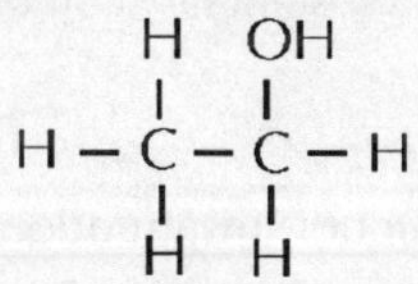

Álcool Etílico

(0) O álcool etílico, quando ingerido, pode ocasionar cegueira nas pessoas.
(1) O nome oficial do álcool etílico é etanol.
(2) O álcool etílico é um gás à temperatura ambiente.
(3) Em países onde o inverno é rigoroso, o álcool etílico é misturado à água do radiador a fim de evitar que ela congele.
(4) Bebidas destiladas, como conhaque, apresentam baixo teor alcoólico, e por isso não ocasionam grandes danos à saúde.

Questão 103

A característica mais importante da maioria dos fenóis é que eles apresentam propriedades antibacterianas e fungicidas. Analise as estruturas abaixo.

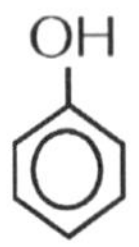

1

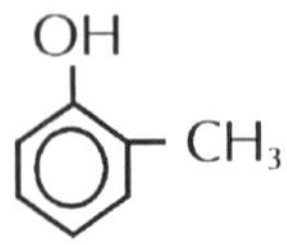

2

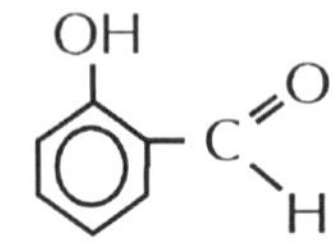

3

Julgue os itens.

(0) O nome oficial da estrutura **1** é hidróxido benzeno.
(1) A estrutura **2** recebe o nome oficial de 1-hidróxi-2-metil benzeno.
(2) A estrutura **1** é um importante fenol, cujo nome comercial é ácido fênico.
(3) A estrutura **3** é uma função mista (fenol + aldeído).
(4) As estruturas **1** e **2** apresentam o mesmo número de átomos de carbonos.

Questão 104

Os álcoois são importantes compostos orgânicos. Possuem larga aplicação como combustíveis e na fabricação de bebidas. Auxiliado por estas informações, julgue os itens que se seguem.

(0) Álcool secundário possui 2 (duas) oxidrilas.
(1) O álcool utilizado como combustível no Brasil é o metanol.
(2) O etanol é matéria-prima de várias outras substâncias, como o formol, aldeído de estrutura

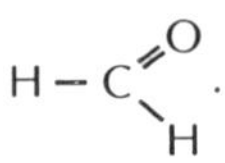 .

(3) O composto de estrutura 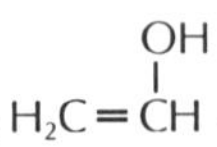 é um álcool insaturado.

(4) O composto  é um álcool aromático.

Questão 105

As aminas são considerada bases orgânicas, obtidas a partir da substituição de um ou mais hidrogênios da amônia (NH_3) por radicais R. O grupo amino (NH_2) está presente em muitos nutrientes, drogas, estimulantes, anestésicos, antibióticos (penicilina), aparece em alimentos formando os aminoácidos. A respeito das aminas, julgue os itens a seguir.

(0) A anilina de estrutura 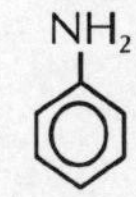 é a fenilamina.

(1) O nome oficial da amina $H_3C - NH_2$ é metilamina.

(2) A amina de estrutura $H_3C - N(CH_3) - CH_3$ é terciária.

(3) O aminoácido de estrutura $H_3C - CH(NH_2) - COOH$ possui o grupamento das aminas primárias.

(4) Com relação ao item anterior, possui o grupamento característico dos ácidos carboxílicos.

Questão 106

Algumas funções são ditas oxigenadas, pois apresentam oxigênio na sua estrutura, tais como, álcool, fenol, enol, aldeído etc.
A esse respeito, julgue os itens a seguir.

(0) O metanal e o metanol possuem a mesma fórmula molecular.

(1) O composto 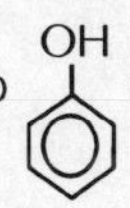 e o composto 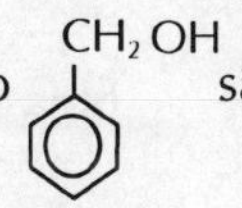 são dois álcoois aromáticos.

(2) O composto de estrutura $H - C(=O) - H$ é um aldeído conhecido como formol.

(3) O dihidroxi 1,3 benzeno possui a estrutura 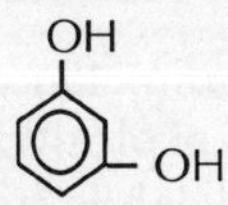.

(4) Álcool terciário possui oxidrila (OH) ligada a carbono terciário.

Questão 107

As aminas são compostos orgânicos de grande importância na vida diária. A substância beladona contém uma amina (atropina) empregada no exame de fundo de olho graças a sua ação dilatadora. Analise as aminas abaixo e julgue os itens a seguir.

H_3C-NH_2

I

$H_3C-NH-CH_3$

II

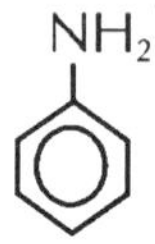

III

(0) A anilina corresponde ao composto de estrutura **III**.
(1) O nome oficial da estrutura **I** é metano amina.
(2) A estrutura **II** é uma amina terciária.
(3) As aminas são resultantes da decomposição da matéria orgânica, como putrefação de peixes.
(4) O nome oficial da estrutura **III** é fenil amina.

Questão 108

Os nitrocompostos são usados como solventes de substâncias orgânicas e alguns polímeros (plásticos). Analise os compostos abaixo e julgue os itens a seguir.

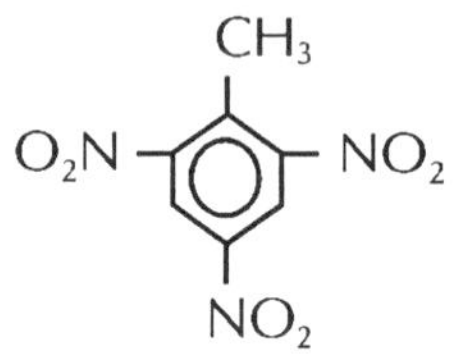

a

$H_3C-CH_2-NO_2$

b

(0) A estrutura **b** é chamada de nitro dimetano.
(1) A substância **a** é utilizada como explosivo.
(2) A substância **a** recebe o nome oficial de trinitrotolueno.
(3) O grupamento nitro ($-NO_2$) é característico dos nitrocompostos.
(4) O composto **a** é alifático saturado.

Questão 109

Os fenóis são uns dos compostos orgânicos mais importantes na indústria. São fabricados em grandes quantidades a partir do benzeno. São utilizados, principalmente, como anti-sépticos e desinfetantes.
A respeito do assunto, julgue os itens abaixo.

(0) Os fenóis possuem fórmula geral **Ar – OH,** onde **Ar** representa o Benzeno.

(1) O ácido fênico de estrutura 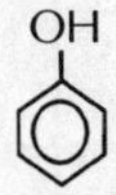 é o fenol comum.

(2) O nome oficial do composto 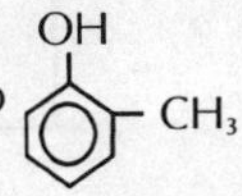 é 1-metil-2-hidroxi-benzeno.

(3) O composto 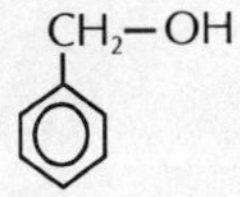 é um fenol usado como desinfetante.

(4) A fórmula molecular do composto  é C_6H_6O.

Orgânica - Isomeria

Questão 110

A isomerização é um processo no qual as moléculas sofrem um rearranjo estrutural. Ela é utilizada para melhorar a qualidade da fração gasolina, obtida pela destilação do Petróleo Bruto.
Pode-se, também, isomerizar cadeias normais de alcanos com o uso de catalisadores, como o cloreto de alumínio ($AlCl_3$) a 100°C ou mais. Veja, por exemplo, a isomerização do butano.

$$H_3C - CH_2 - CH_2 - CH_3 \xrightarrow[\Delta]{AlCl_3} H_3C - \underset{\displaystyle CH_3}{\underset{|}{CH}} - CH_3$$

Butano Metil-propano

Julgue os itens.

(0) Na isomeria, as substâncias de mesma fórmula molecular apresentam propriedades diferentes.
(1) O butano possui menor ponto de abulição que o metil-propano.
(2) Os compostos descritos acima fornecem um exemplo de isomeria de posição.
(3) O material $AlCl_3$ é consumido totalmente na reação química.

Orgânica - Hidrocarbonetos

Questão 111

Atualmente, uma das maiores fontes de energia utilizada pelo homem é o Petróleo. Dele se extrai pela destilação fracionada vários componentes. A gasolina, importante combustível, é uma mistura de materiais chamados de Hidrocarbonetos. Analise a estrutura da gasolina abaixo e julgue os itens a seguir.

$$H_3C-CH_2-CH_2-CH_2-CH_2-CH_2-CH_3$$

n-Heptano

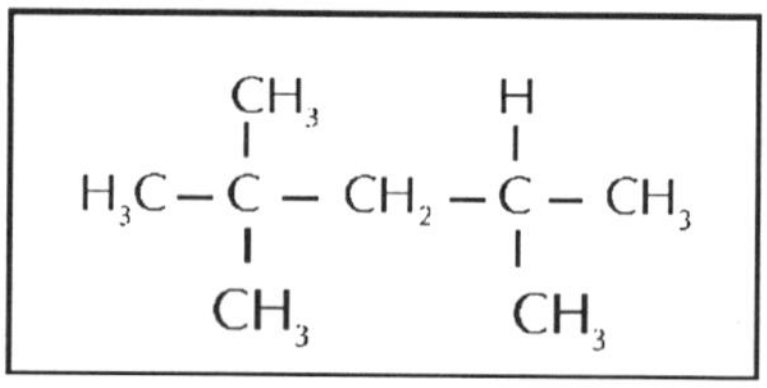

Iso-Octano

(0) O nome oficial do iso-octano é 2,4,4 - trimetil-pentano.

(1) O N-heptano apresenta cadeia ramificada e saturada.

(2) A adição do composto 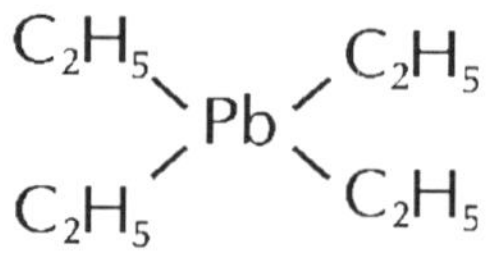 à gasolina melhora a qualidade desse combustível.

(3) O Iso-octano pertence ao grupo dos ciclanos.

(4) O N-heptano apresenta menor ponto de ebulição que o Iso-octano.

Questão 112

O carbeto de cálcio (CaC_2) é produzido industrialmente em fornos elétricos, mediante a reação entre óxido de cálcio (CaO) e uma fonte de carbono (carvão mineral ou vegetal):

$$CaO + 3\,C \longrightarrow CaC_2 + CO$$

A maior aplicação industrial do carbeto de cálcio é na produção de gás acetileno (C_2H_2). Tal reação ocorre, a temperatura ambiente, entre o carbeto e a água:

$$CaC_2 + 2\,H_2O \longrightarrow C_2H_2 + Ca(OH)_2$$

A importância econômica do carbeto de cálcio pode ser medida pelo fato de que mais da metade da produção mundial de acetileno é obtida com o processo de decomposição desse composto.

Baseado nesse relato, julgue os itens a seguir.

(0) O gás acetileno é um hidrocarboneto pertencente ao grupo dos alcenos.
(1) O gás acetileno sofre combustão à temperatura ambiente de acordo com a equação:

$$C_2H_{2(g)} + O_{2(g)} \longrightarrow CO_{2(g)} + H_2O_{(l)}$$

(2) O acetileno resiste a altas temperaturas e, por isso, é utilizado em maçaricos na feitura de ligas.
(3) Na reação de obtenção do acetileno obtemos também o hidróxido de cálcio.

Correções e resoluções

Química do ambiente/Substâncias e misturas

Questão 01

CERTOS: (0), (1), (3), (6)
ERRADOS: (2), (4), (5)
(2) O sódio (Na) existe na crosta terrestre unido aos não-metais, formando compostos iônicos (NaCl, Na_2SO_4).
(4) O enxofre (S) é obtido industrialmente pelo Processo **Frasch**.
(5) O enxofre é um não-metal, por isso forma ligações iônicas (CaS) ou ligações covalentes (SO_3).

Questão 02

CERTOS: (0), (3)
ERRADOS: (1), (2), (4)
(1) Tanto substâncias simples quanto compostas possuem ponto de fusão e ebulição constantes, portanto não se pode distingui-las por meio dessas medidas.
(2) SO_3 = óxido ácido, pois reage com água (H_2O), formando um ácido.
$SO_3 + H_2O \rightarrow H_2SO_4$
HI = ácido iodídrico (ácido).
$AlCl_3$ = cloreto de alumínio (sal).
(4) O oxigênio industrialmente é obtido pela eletrólise da água ou liquefação, seguida de destilação do ar.

Questão 03

CERTOS: (4)
ERRADOS: (0), (1), (2), (3)
(0) Substâncias simples: P_4, S_8, Br_2, Zn, He.
(1) Substâncias compostas: $CaBr_2$.
(2) Substâncias poliatômicas: P_4, S_8.
(3) $CaBr_2$ é formado pelos elementos químicos cálcio (Ca) e bromo (Br).

Questão 04

CERTOS: (0), (3)
ERRADOS: (1), (2), (4)
(1) CaO = óxido de cálcio.
CaO_2 = peróxido de cálcio.
(2) Na_2CO_3 = carbonato de sódio.
$NaHCO_3$ = bicarbonato de sódio.
(4) O_2 = diatômica
Cl_2 = diatômica.

Questão 05

CERTOS: Não há
ERRADOS: (0), (1), (2), (3)

(0) Os freons são substâncias compostas e formadas pelos elementos carbono, flúor e cloro.
Exemplo:

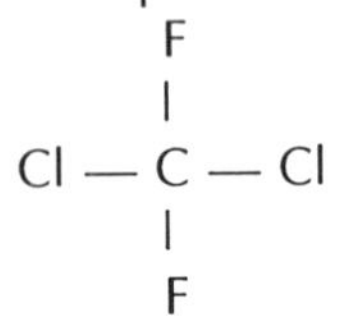

(1) Os freons são gases. São separados por liquefação seguida de destilação fracionada.
(2) Os freons são gases sintéticos obtidos por reações químicas.
(3) Os freons, por serem gases, são armazenados no estado líquido sob alta pressão e baixa temperatura.

Estrutura Atômica

Questão 06

CERTOS: (1)
ERRADOS: (0), (2)

(0) Isótopos possuem mesmo número atômico ou de prótons. O flúor possui número atômico 9 e o cloro número atômico 17, logo não são isótopos.
(2) Nos freons, o carbono, o cloro, o flúor possuem seus elétrons distribuídos em mais de uma camada eletrônica, portanto, quantidades diferentes de energia.

Tabela Periódica

Questão 07

CERTOS: (2), (3)
ERRADOS: (0), (1)

(0) Os elementos constituintes dos freons, carbono, flúor e cloro são não-metais, portanto, não possuem as características de serem maleáveis, dúcteis, nem bons condutores de calor ou eletricidade.
(1) Cloro = 3º período da classificação periódica
Flúor = 2º período da classificação periódica.

Ligações Químicas

Questão 08

CERTOS: (0), (3)
ERRADOS: (1), (2)
(1) Os freons, sendo gases, apresentam fracas ligações intermoleculares.
(2) As ligações químicas nos freons são covalentes por serem entre não-metais.

Teoria Atômico - Molecular

Questão 09

CERTOS: (0), (1), (3)
ERRADOS: (2)
(2) A teoria das colisões afirma que somente os choques efetivos levarão à formação de ClO e O_2.

Questão 10

CERTOS: (0), (1), (2)
ERRADOS: (3)
(3) 0,81% em volume = 8,1 mL de hidrogênio em 1L de ar atmosférico.

Questão 11

CERTOS: (0), (3)
ERRADOS: (1), (2), (4)
(1) A destilação fracionada separa uma mistura homogênea líquido + líquido por seus diferentes pontos de ebulição. Exemplo: petróleo.
(2) A mistura ferro + enxofre (ambos em pó) é separada por atração magnética.
(4) A mistura $H_2O_{(líquido)}$ + gelo é formada por uma única substância com duas fases, portanto, um sistema bifásico.

Questão 12

CERTOS: Não há
ERRADOS: (0), (1), (2), (3), (4), (5)
(0) O processo (I) é chamado sublimação, passagem do sólido para gasoso.
(1) O processo (II) envolve liberação de energia, pois é um processo exotérmico de mudança de água líquida para água sólida (gelo).
(2) O volume no estado líquido é menor que no estado gasoso e, segundo a equação d =m/v, uma diminuição do volume provocará um aumento da densidade.
(3) O processo IV, sólido para líquido, é denominado fusão ou liquidificação.

(4) À mesma temperatura, um aumento de pressão provocará uma maior diminuição de volume da água no estado gasoso, pois as moléculas estão mais afastadas uma das outras, sendo, portanto, mais compressíveis.

(5) O vapor d'água está em estado mais energético do que a água líquida ou sólida, devido, entre outros fatores, às colisões entre as moléculas no estado gasoso e ao aumento de sua energia cinética.

Questão 13

CERTOS: (1), (2)
ERRADOS: (0), (3)

(0) O ponto de ebulição, correspondente ao T_3, o qual coexistem o estado líquido + vapor (l + v).

(3) O gráfico é constituído por uma substância pura em suas várias mudanças de estado, Ponto de fusão (T_1) e Ponto de ebulição (T_3).

Questão 14

CERTOS: (0), (1)
ERRADOS: (2), (3), (4)

(2) É na fermentação que ocorre a transformação da garapa em álcool etílico (etanol).

(3) Segundo o fluxograma, se o meio é ácido, então seu PH < 7.

(4) A fórmula mínima do etanol é a sua própria fórmula molecular C_2H_6O.

Questão 15

CERTOS: (0), (2), (3)
ERRADOS: (1), (4)

(1) Na etapa II foi utilizada o processo de destilação (pelos diferentes pontos de ebulição) de uma mistura sólido + líquido, devido à presença de vapor d'água e resíduo sólido.

(4) A etapa III envolve apenas o aquecimento do resíduo sólido e a obtenção do vapor de NH_4Br, pois apresenta o menor ponto de ebulição dos três sais.

Questão 16

CERTOS: (3)
ERRADOS: (0), (1), (2), (4)

(0) A pressão interna nas moléculas de água aquecidas numa panela de pressão é maior que quando aquecidas numa panela comum, conseqüentemente o ponto de ebulição será maior.

(1) O ponto de fusão é igual ao de congelamento em uma substância pura, nesse caso, de - 117 °C.

(2) Pelas Propriedades Coligativas das Soluções, a adição de um soluto não volátil (açúcar) a um solvente (H_2O) diminui o ponto de solidificação (criometria).

(4) O óleo de soja é menos denso, por isso fica por sobre a água.

Questão 17

CERTOS: (0), (3), (4)
ERRADOS: (1), (2)

(1) O cloro (PE = -34,6 °C) é mais volátil que o bromo (PE = 58,8 °C).
(2) O iodo é sólido e o bromo é líquido, a 25 °C. Nos sólidos as forças intermoleculares são maiores que nos líquidos.

Questão 18

CERTOS: (0), (2)
ERRADOS: (1), (3), (4)

(1) A figura b̲ representa apenas substâncias simples (formadas por um único elemento químico), o monóxido de carbono (CO) é uma substância composta.
(3) Na figura d̲ encontramos elementos químicos isolados, portanto, substâncias simples. O cloreto de hidrogênio (HCl) é uma substância composta.
(4) No estado sólido, as forças de agregação (atração) entre as moléculas é muito maior que as forças de desagregação (repulsão), conseqüentemente no estado sólido, as moléculas se encontram muito unidas umas às outras.

Questão 19

CERTOS: (2), (4)
ERRADOS: (0), (1), (3)

Propriedades Químicas

São representadas pelas reações químicas, pois envolvem transformações nas estruturas das substâncias. Exemplo: digestão de alimentos.

Propriedades Físicas

Propriedades específicas que não afetam as estruturas das substâncias.
Exemplo: ponto de fusão, ponto de ebulição, densidade, etc.

Questão 20

CERTOS: (1), (2), (3)
ERRADOS: (0), (4)

(0) Pelas Propriedades Coligativas das soluções iônicas, o ponto de ebulição depende apenas do número de partículas dispersas na solução, independentemente da natureza dessas partículas.
(4) A ebulição da água pura é um processo físico. Água $_{(l)} \rightarrow$ Água $_{(g)}$.

Questão 21

CERTOS: (1), (2), (3)
ERRADOS: (0), (4)

(0) O composto A̲ é chamado brometo de amôneo (NH_4Br), é um sal sólido, resultante da equação: $HBr + NH_4OH \rightarrow NH_4Br + H_2O$.
(4) O composto C é uma solução homogênea (s + l) de sal e água, obtida da adição de água e posterior filtração da etapa II. Destilando esta solução (composto C) obteremos o sal (NaCl).

Questão 22

CERTOS: (0)
ERRADOS: (1), (2), (3)

(1) A fase sólida da maioria das substâncias possui densidade maior que sua fase líquida. A água, no entanto, devido à interação das suas pontes de hidrogênio, no estado sólido, aumenta seu volume e diminui sua densidade.

(2) A densidade das substâncias fornecidas no problema é uma propriedade física. A separação dos componentes em cada recipiente é devido também à densidade de cada um deles. Portanto, a identificação de cada substância foi devido à densidade.

(3) Benzeno e água não se misturam devido contrariarem o princípio geral – semelhante dissolve semelhante.

Água → molécula Polar
Benzeno → molécula Apolar
} (polaridades diferentes)

Questão 23

CERTOS: (1)
ERRADOS: (0), (2), (3)

(0) Composição da atmosfera: (Porcentagem)

nitrogênio (N_2)	=	78,084
oxigênio (O_2)	=	20,946
argônio (Ar)	=	0,934
neônio (Ne)	=	$18{,}18 \times 10^{-6}$
dióxido de carbono (CO_2)	=	0,033
hélio (He)	=	$5{,}24 \times 10^{-6}$

(2) Com a diminuição de temperatura, o volume do balão inflado diminuiria.

(3) A passagem de gás para líquido (liquefação) é um processo exotérmico, pois libera calor.

Reações Químicas

Questão 24

CERTOS: (1), (5)
ERRADOS: (0), (2), (3), (4), (6), (7)

(0) A água (H_2O) é um composto polar e um bom solvente para a maioria das substâncias INORGÂNICAS.

(2) No estado sólido (gelo) a água possui densidade menor que no estado líquido.

(3) Na eletrólise da água, obtém-se:

$$\underset{}{H_2O_{(l)}} \rightarrow \underbrace{H_{2(g)}}_{1\text{mol}} + \underbrace{\frac{1}{2}O_{2(g)}}_{0{,}5\text{mol}}$$

(4) Na ebulição, a água líquida transforma-se em vapor, não ocorrendo, portanto, a decomposição da água em seus componentes.

$$H_2O_{(l)} \rightarrow H_2O_{(g)}$$

(6) Os peixes respiram o oxigênio (O_2) dissolvido na água.
(7) Na água, a relação entre os seus átomos é:

$$\frac{\text{massa de hidrogênio}}{\text{massa de oxigênio}} = \frac{2}{16} = \frac{1}{8}$$

Questão 25

CERTOS: (3), (4)
ERRADOS: (0), (1), (2)
(0) Equação química balanceada:

$$4NaCl_{(aq)} + 2SO_{2(g)} + 2H_2O_{(l)} + 1O_{2(g)} \rightarrow 2Na_2SO_{4(aq)} + 4HCl_{(aq)}$$

Soma dos coeficientes: 4 + 2 + 2 + 1 + 2 + 4 = 15
(1) Na_2SO_4 = sulfato de sódio (Sal de Glauber)
(2) SO_2 = óxido de enxofre IV (Reagente)

Questão 26

CERTOS: (1), (3)
ERRADOS: (0), (2), (4)
(0) Os metais alcalinos (Li – Na – K – Rb – Cs – Fr) formam compostos que se dissolvem na água, e o próprio enunciado da questão afirma isso. O precipitado $NaNO_3$ citado, experimentalmente não é formado.
(2) A ligação entre o nitrogênio (não-metal) com o oxigênio (não-metal) é covalente polar, porque ocorre entre dois não-metais de eletronegatividades diferentes.
(4) O raio atômico de um átomo neutro é maior que o seu Cátion.

Questão 27

CERTOS: (0), (1)
ERRADOS: (2), (3)
(2) As transformações químicas podem ser reversíveis quanto irreversíveis, desde que as substâncias participantes da reação sofram alteração.
Fenômeno Químico – as moléculas ou íons de pelo menos uma substância participante sofre alteração.
Ex: queima do carvão
$C + O_2 \rightarrow CO_2$
Fenômeno Físico – as moléculas ou íons de todas as substâncias participantes permanecem inalteradas.
Ex: mudança de estado físico da água líquida para vapor.
$H_2O_{(l)} \rightarrow H_2O_{(v)}$
(3) III - Sólido para gasoso → sublimação
IV - Líquido para gasoso → evaporação
OBS: À passagem do estado líquido para vapor com a temperatura ambiente dá-se o nome de evaporação.
Com a utilização de temperatura artificial dá-se o nome de ebulição.
Ex: água numa chaleira ao fogo.

Questão 28

CERTOS: (1), (2), (3)
ERRADOS: (0)
(0) O carbono pertence ao grupo 4A da Tabela Periódica, sendo, portanto, um não-metal.

Questão 29

CERTOS: (0), (2)
ERRADOS: (1)
(1) A grande importância de síntese industrial da amônia (processo Haber-Bosch) está na produção de fertilizantes nitrogenados.

Questão 30

CERTOS: (3)
ERRADOS: (0), (1), (2)
(0) Pelo princípio universal da solubilidade: **Semelhante dissolve semelhante**.
Perfumes → Polar
Álcoois → Polar
> Logo, dissolvem-se entre si

(1) As substâncias gordurosas, sendo apolares, interagem com a parte apolar dos detergentes; estes por sua vez, por meio da parte polar interagem com a água (polar) e, dessa forma, as gorduras são removidas.
(2) Os álcoois, os ácidos carboxílicos e as aminas são substâncias polares. Os hidrocarbonetos são apolares, logo não são solúveis.

Questão 31

CERTOS: (1), (2)
ERRADOS: (0), (3)
(0) O efeito estufa é uma conseqüência do esquentamento excessivo das camadas da atmosfera, ocasionada pela alta taxa de gás carbônico (CO_2) nessas camadas.
(3) A fotossíntese que ocorre nas plantas têm como produtos carboidratos e oxigênio, de acordo com a reação abaixo:
$6CO_2 + 6H_2O \rightarrow C_6H_{12}O_6 + 6O_2$

Termoquímica

Questão 32

CERTOS: (0), (1), (2)
ERRADOS: Não há

Questão 33

A equação descrita no registro III balanceada é:

$1CHCl_3 + 3Zn + 3H_2O \rightarrow 1CH_4 + 3Zn(OH)Cl$

↙ ↓

3 mols 1 mol

↓ ↓

3X65,4g 16g

196,2g X

$$X = \frac{196,2x16}{3x65,4}$$

X = 16g

Questão 34

CERTOS: (0), (2), (3)
ERRADOS: (1)

(1) Na combustão completa há liberação de gás carbônico (CO_2) e água (H_2O). Na combustão incompleta há liberação de monóxido de carbono (CO).

Questão 35

CERTOS: (0), (3)
ERRADOS: (1), (2)

(1) Na reação: $HCl_{(aq)} + NaOH_{(aq)} \rightarrow NaCl_{(aq)} + H_2O$, o sal formado (NaCl) é solúvel na água, portanto não há formação de precipitado.

(2) ***Reação 1:*** $2HCl_{(aq)} + CaCO_{3(s)} \rightarrow CaCl_{2(aq)} + H_2O_{(l)} + CO_{2(g)}$
gás formado: CO_2.
Reação 2: $2HCl_{(aq)} + Zn_{(s)} \rightarrow ZnCl_{2(aq)} + H_{2(g)}$
gás formado: H_2.

Questão 36

CERTOS: (0), (2), (4)
ERRADOS: (1), (3)

(1) Reação química entre magnésio (Mg) e oxigênio (O) que ocorre:
$2Mg + O_2 \rightarrow 2MgO$
A soma dos coeficientes após o balanceamento é 2 + 1 + 2 = 5.

(3) O número de átomos de uma reação química se conservam, com exceção das reações nucleares.

Questão 37

CERTOS: (0), (1), (2)
ERRADOS: (3), (4)

(3) PH = – Log $[H_3O^+]$
$[H_3O^+] = 10^{-2}$ M PH = – Log 10^{-2}
PH = 2

PH < 7 Ácido
PH = 7 Neutro
PH > 7 Básico

Portanto, PH = 2, a chuva é ácida.

(4) O dióxido de carbono (CO_2) reage com a água (H_2O), segundo a equação:
$CO_2 + H_2O \rightarrow H_2CO_3$
Produzindo ácido carbônico (H_2CO_3) e aumentando o PH da chuva.

Questão 38

CERTOS: (0), (2), (3)
ERRADOS: (1)

(1) Na presença de Peroxidase, a decomposição da água oxigenada é aumentada, pois a enzima Peroxidade age como catalisador, aumentando a velocidade da reação.

Questão 39

CERTOS: (0), (2), (3)
ERRADOS: (1)

(1) ácido nítrico = HNO_3

Questão 40

CERTOS: (0), (1), (3)
ERRADOS: (2)

(2) O carbonato de cálcio ($CaCO_3$) é um composto iônico.

Questão 41

CERTOS: (3), (4)
ERRADOS: (0), (1), (2)

(0) reação **a**: $2HCl_{(aq)} + CaO_{(S)} \rightarrow CaCl_2 + H_2O$
cloreto de cálcio

(1) reação **b**: $HCl_{(aq)} + NaOH_{(aq)} \rightarrow NaCl + H_2O$
sal solúvel em água

(2) reação **c**: $2HCl_{(aq)} + Zn_{(S)} \rightarrow ZnCl_2 + H_{2(g)}$
gás formado: hidrogênio

reação **d**: $2HCl_{(aq)} + CaCO_{3(s)} \rightarrow CaCl_2 + H_2O + CO_{2(g)}$
gás formado: gás carbônico

Questão 42

CERTOS: (0), (3), (5)
ERRADOS: (1), (2), (4)
(1) **B** é SO_3

(2) $SO_3 + \xrightarrow{H_2O} \underbrace{H_2SO_4}_{C}$ (ácido sulfúrico).

(4) $H_2SO_4 + \xrightarrow{Al} \underbrace{Al_2(SO_4)_{3(aq)}}_{D} + \underbrace{H_{2(g)}}_{E}$

D = *sulfato de alumínio*
E = *gás hidrogênio*

Questão 43

CERTOS: (0), (2), (4), (5)
ERRADOS: (1), (3)
(1) Em **b** recolhe-se água. O Na_2CO_3 ficará em **a.**
(3) A reação é:

$$2NaHCO_{3(S)} \rightarrow Na_2CO_{3(S)} + H_2O_{(l)} + CO_{2(g)}$$

2.84 g $\rightarrow$ 18g
84 g $\rightarrow$ x
X = 84.18/2.84 = 9g

Na decomposição de 84g de $NaHCO_3$ haverá a formação de 9g de água.

Questão 44

CERTOS: (0), (1), (2), (3)
ERRADOS: Não há

Questão 45

CERTOS: Não há
ERRADOS: (0), (1), (2), (3)
(0) dióxido de carbono $\rightarrow CO_2$
(1) $CO_2 \rightarrow$ óxido
(2) A concentração desse gás na atmosfera ocasiona o ***Efeito Estufa***.
(3) O acidente da caixa-d'água alertou que se deve tomar medidas de segurança para prevenir acidentes.

Questão 46

CERTOS: (3)
ERRADOS: (0), (1), (2), (4)

(0) Processos Químicos: coagulação, desinfecção, fluoretação, correção de PH.
Processos Físicos: floculação, decantação, filtração.

(1) Essas etapas constituem o processo de purificação da água.

(2) A fluoretação consiste na adição de ácido fluorsilícico e do Fluorsilicato de sódio, que são substâncias compostas.

(4) O CaO (óxido de cálcio) é um óxido básico, pois reage com água (H_2O), produzindo uma base, ou reage com um ácido, produzindo sal e água.

$CaO + H_2O \rightarrow Ca(OH)_2$

Base de hidróxido de cálcio.

Portanto, sua adição à água aumenta o PH.

Questão 47

CERTOS: (0), (1), (3)
ERRADOS: (2)

(2) A adição de óxido de cálcio (CaO) à água aumenta a concentração dos íons OH^-, que desloca o equilíbrio para a direita, favorecendo a formação de $Al(OH)_3$ e SO_4^{-2}.

Estrutura Atômica

Questão 48

CERTOS: (0), (1), (4)
ERRADOS: (2), (3), (5)

(2) A maioria das ligas metálicas de ferro que formam o aço são obtidas a partir do Fe_2O_3 (hematita) e é o que forma o "pé da mesa".

(3) O elemento químico ferro (Fe) é encontrado na crosta terrestre nas seguintes formas:
Fe_2O_3 = hematita
Fe_3O_4 = magnetita
FeS_2 = pirita
$FeCO_3$ = siderita

(5) o símbolo do ferro é Fe.

Questão 49

CERTOS: (1), (3)
ERRADOS: (0), (2)

(0) O número sete representa o número de massa (A) do nuclídeo IV.

(2) Na tabela é possível identificar cinco elementos químicos, pois os nuclídeos III e V pertencem ao mesmo elemento químico.

Questão 50

CERTOS: (0), (1), (2)
ERRADOS: (3), (4)

(3) O tamanho do átomo (raio atômico) é determinado pela distância do núcleo até a última camada que possui elétrons.

(4) Os elétrons, segundo Rutherford, ficariam distribuídos espaçadamente ao redor do núcleo, ocupando órbitas quaisquer.

Questão 51

CERTOS: (0), (1), (2)
ERRADOS: (3), (4)

(3) O número de elementos conhecidos atualmente é superior a 100, incluindo os naturais e os artificiais.

(4) Prótons são partículas positivas, elétrons são partículas negativas.

Questão 52

CERTOS: (3)
ERRADOS: (0), (1), (2)

(0) Por ser o mais dúctil dos metais, segundo o próprio enunciado, o ouro é mais fácil de ser transformado em fios que a platina.

(1) O Isótopo ^{198}Au com nº atômico 79 possui:

$A = Z + N$

$N = A - Z$

$N = 119$ Nêutrons $\quad N = 198 - 79$

(2) Íon Positivo significa perda de elétrons, portanto, Au^{+3} significa, nº de prótons igual a 79 e nº de elétrons igual a 76.

Questão 53

CERTOS: (1), (4)
ERRADOS: (0), (2), (3)

(0) Rutherford com sua experiência de 1911 foi contemporâneo de Mendeleyev e não seu antecessor.

(2) Modelo é uma descrição teórica que pode ser aperfeiçoada, atualizada, modificada ou mesmo excluída, de acordo com os resultados experimentais, e não uma descrição exata do átomo.

(3) O microscópio eletrônico de varredura tunelante não consegue visualizar elétrons girando ao redor do núcleo.

Questão 54

CERTOS: (0), (1), (4)
ERRADOS: (2), (3)

(2) De acordo com a teoria atômica atual, os elétrons estão em ordem crescente de energia nas camadas, ou seja, quanto mais afastado do núcleo, maior a energia.
(3) A região mais densa do átomo (maior massa) é o núcleo e não a eletrosfera.

Tabela Periódica

Questão 55

CERTOS: (0),
ERRADOS: (1), (2), (3), (4)

(1) Nb = nióbio
Ni = níquel
(2) Tl = tálio
Ta = tântalo
(3) Pertencem à mesma família ou grupo C – Si – Ge – Sn – Pb (Coluna 4A).
(4) A série dos Lantanídeos começa com o lantânio (La) de número atômico 57 e termina com lutécio (Lu) de número atômico 71.

Questão 56

CERTOS: (0), (3), (4)
ERRADOS: (1), (2)

(1) O gálio (Ga) pertence ao grupo 3A da tabela periódica, possui, portanto, 3 (três) elétrons de valência.
(2) O grupo 2A da tabela periódica (metais alcalinos terrosos) possui 6 elementos:
Be – Mg – Ca – Sr – Ba – Ra.

Questão 57

CERTOS: (0), (1)
ERRADOS: (2), (3)

(2) Os metais alcalinos terrosos pertencem ao grupo 2A da tabela periódica e são: Be, Mg, Ca, Sr, Ba, Ra.
(3) Os íons cálcio, magnésio e zinco são bivalentes, Ca^{++}, Mg^{++}, Zn^{++}.

Questão 58

CERTOS: (0), (4)
ERRADOS: (1), (2), (3)

(1) O átomo de nitrogênio é menos eletronegativo que o oxigênio, podendo ser observado na seqüência abaixo.

F – O – N – Cl – Br – I – S – C – P – H .

$\longrightarrow$
eletronegatividade diminui

(2) O raio atômico (tamanho) no período diminui da esquerda para a direita, devido à carga nuclear atrair com maior intensidade os elétrons, conseqüentemente diminuindo o raio, e na família aumenta de cima para baixo devido ao aumento das camadas, dos níveis.

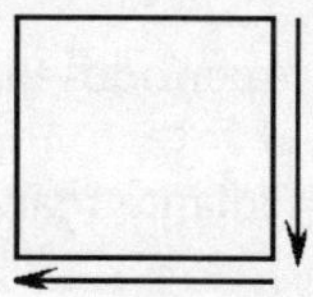

Portanto, o átomo de hélio tem raio atômico menor que os de argônio e xenônio.

(3) Potencial ou Energia de Ionização é a energia mínima necessária para arrancar um elétron de um átomo isolado no estado gasoso, e aumenta conforme o sentido das setas:

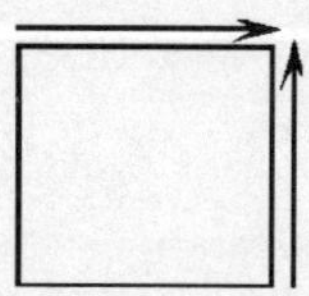

Então é de se prever que o oxigênio possua maior potencial de ionização que o nitrogênio, isto não ocorre, devido os elétrons do nitrogênio estarem mais próximos do núcleo e, conseqüentemente, sujeito a uma força de atração maior. Dessa forma, dificultando mais a retirada de um elétron. Desse modo, a energia gasta para retirar um elétron do oxigênio é menor que no nitrogênio.

Questão 59

CERTOS: (1), (3), (4)
ERRADOS: (0), (2)

(0) Nos grupos ou famílias o volume aumenta de cima para baixo, conforme o aumento do número atômico.

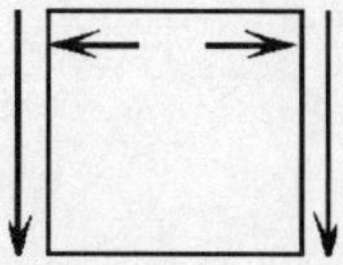

(2) O volume do íon cloreto (Cl^-) é maior que o do cloro (Cl), devido ao maior nº de elétrons.

Questão 60

CERTOS: (0), (3), (4), (5)
ERRADOS: (1), (2)

(1) O potássio, ***metal*** de número atômico 19, reage com o cloro, ***não-metal*** de número atômico 17, formando um composto iônico (KCl), que é um sal sólido.

(2) Os halogênios do grupo VII A são encontrados na forma de haletos. (Exemplo: NaCl).

Questão 61

CERTOS: (0), (2), (4)
ERRADOS: (1), (3)

(1) A tabela periódica atual é formada de 7 períodos (linhas horizontais) e 18 grupos ou colunas (linhas verticais).

(3) Os elementos artificiais são obtidos mediante reações nucleares que alteram os núcleos atômicos.
Exemplo: reação nuclear correspondente à formação do plutônio (Pu).
$_{93}Np^{239} \rightarrow {}_{94}Pu^{239} + {}_{-1}B^{o}$

Questão 62

CERTOS: (0), (2), (3), (4)
ERRADOS: (1), (5)

(1) O elemento $A_{(Li)}$ possui 1 elétron no último nível e pertence à família dos metais alcalinos (1A), juntamente com Na – K – Rb – Cs – Fr.
O elemento C(F) possui 7 elétrons no último nível e pertence à família dos halogênios (7A), juntamente com Cl – Br – I – At.

(5) Os elementos G e H pertencem ao mesmo período na tabela periódica e são respectivamente da família dos metais alcalinos e metais alcalinos terrosos. Como o potencial de ionização em um mesmo período aumenta da esquerda para a direita, conclui-se que o elemento H possui maior potencial de ionização que G.

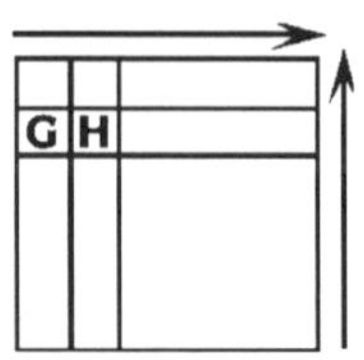

Questão 63

CERTOS: (0), (3)
ERRADOS: (1), (2), (4)

(1) A fórmula da substância simples Iodo é I_2, pois a família dos halogênios possui atomicidade 2 (F_2, Cl_2, Br_2, I_2).
(2) Os elementos químicos na tabela periódica estão ordenados na ordem crescente de número atômico, logo o número atômico do iodo é 53.
(4) O sódio forma o íon Na^+ e o iodo o íon I^-, logo a fórmula do iodeto de sódio é NaI.

Questão 64

CERTOS: (0), (1), (3)
ERRADOS: (2), (4)

(2) Reações químicas – a partir de transformações na eletrosfera do átomo.
Reações nucleares – alteram os núcleos atômicos para obtenção dos elementos artificiais.
(4) Potássio = K, criptônio = Kr, césio = Cs.

Questão 65

CERTOS: (3)
ERRADOS: (0), (1), (2), (4), (5)

(0) A eletronegatividade aumenta de acordo com a tabela:
logo, a ordem crescente é B < C < D < E.

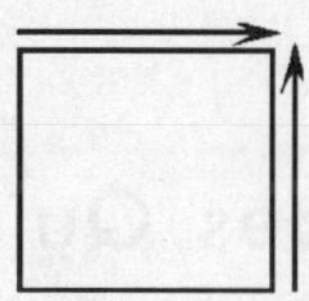

(1) O potencial de ionização aumenta de acordo com a tabela:

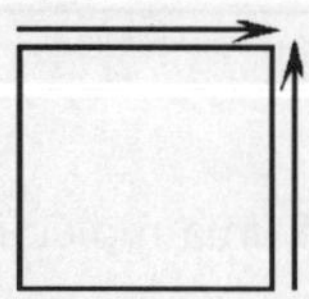

então, o elemento E possui maior potencial que H.
(2) O elemento J, situado no centro da tabela, é um metal de transição do grupo 8B.
(4) A ligação entre I e H ocorre por meio da transferência de elétrons, pois trata-se de um metal com um não-metal, formando ligação iônica.
(5) A fórmula molecular entre B (grupo 4A) e H, halogênio (grupo 7A) é BH_4.

Questão 66

CERTOS: (1), (3)
ERRADOS: (0), (2)

(0) O elemento hidrogênio (H), apesar de estar na coluna dos metais alcalinos (1A), não pertence a esta família; logo possui propriedades diferentes das desses elementos.

(2) A formação dos íons negativos envolve energia que é liberada, quando se acrescenta um elétron a um átomo gasoso neutro. Tal conceito exprime afinidade eletrônica.

Questão 67

CERTOS: (1)
ERRADOS: (0), (2), (3)

(0) O oxigênio é um ametal calcogênio da família 6A da tabela periódica. O hidrogênio não é metal, é mais considerado um ametal por algumas de suas características.

(2) Se o hidrogênio pertencesse à mesma coluna do oxigênio, teria 6 elétrons na última camada, formaria ligações covalentes pelo compartilhamento de elétrons e também ligações dativas, dentro da regra do octeto.

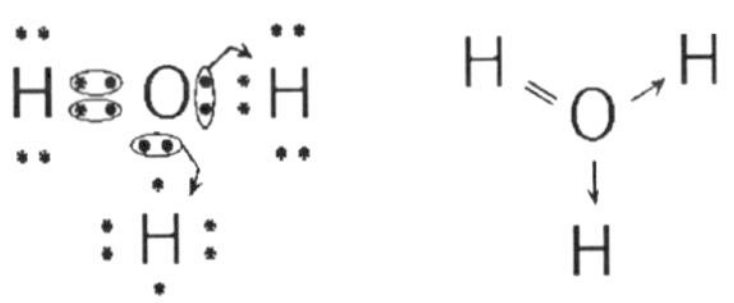

(3) O oxigênio com dois níveis energéticos, pois está no 2º Período da Tabela Periódica, possui 6 elétrons na última camada e pertence à família 6A.

Ligações Químicas

Questão 68

CERTOS: (2), (4), (5), (6)
ERRADOS: (0), (1), (3)

(0) Ácido cianídrico (HCN) $H-C\equiv N$ é uma molécula linear com hibridação sp e ângulo de 180º.

(1) Ligação entre o N–H na molécula de amônea (NH_3) é covalente polar, pois ocorre entre não-metais (N e H) de eletronegatividades diferentes.

(3) 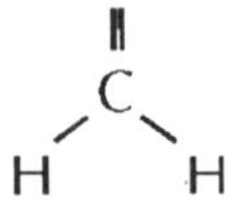

(H_2CO) $\rightarrow$ Molécula trigonal plana com hibridação do tipo sp^2.

Questão 69

CERTOS: (2), (4)
ERRADOS: (0), (1), (3)
(0) Sólido A = íons positivos mergulhados em elétrons (metal).
Sólido B = aglomerado de íons positivos e negativos (iônico).
Sólido C = constituído por moléculas (covalente).
(1) O sólido A (metal) não é quebradiço, apresenta maleabilidade.
(3) O sólido A (metal) é um bom condutor de calor e eletricidade.

Questão 70

CERTOS: (1), (3)
ERRADOS: (0), (2)
(0) Os compostos iônicos à temperatura ambiente são sólidos cristalinos (Ex: NaCl).
(2) Os átomos dos óxidos gasosos (CO_2 , CO, SO_2 ,NO_2) estão unidos por ligações covalentes por serem não-metais.

Questão 71

CERTOS: (1), (3)
ERRADOS: (0), (2), (4)
(0) A molécula de BeH_2 possui geometria linear.
H – Be – H.
(2) A família do carbono (C, Si, Ge, Sn) forma moléculas tetraédricas com ângulos de 109°28′.
(CH_4, SiH_4 , GeH_4 , SnH_4).
(4) A molécula SF_6 é espacial, octoédrica, e com hibridação SP^3d^2.

Questão 72

CERTOS: (0), (1), (5)
ERRADOS: (2), (3), (4)
(2) A ligação metálica é um mar de elétrons, deslocalizados, livres entre os átomos, entre os núcleos.

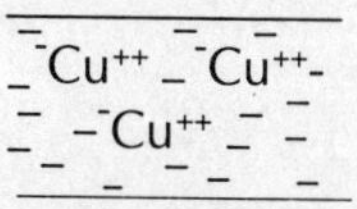

(3) NH_4^+ (íon Amôneo) → Tetraédrica
NH_3 (Amônea) → Pirâmide trigonal
(4) Semelhante dissolve semelhante. CH_4 (Apolar), CCl_4 (Apolar), $CHCl_3$ (Polar). Logo, CH_4 é mais solúvel em CCl_4 do que em $CHCl_3$.

Questão 73

CERTOS: (0), (2), (3)
ERRADOS: (1), (4), (5)
(1) A substância b é constituída de íons: Na^+ e S^{-2}, portanto é um composto iônico.
(4) A molécula NH_3 é uma Pirâmide trigonal, pois o vetor resultante (Ur) é diferente de Zero.

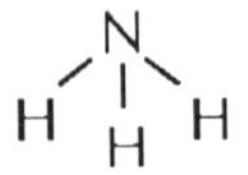

(5) A molécula NH_3 é Pirâmide trigonal, enquanto a molécula SO_3 é trigonal plana.

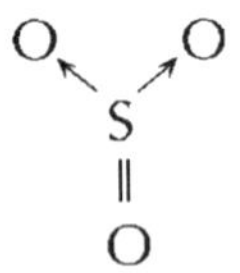

Questão 74

CERTOS: (1), (3)
ERRADOS: (0), (2)
(0) A polaridade é determinada por:

a) Eletronegatividade
a.1-Semelhante - molécula apolar
a.2-Diferente - molécula polar

b) Geometria da molécula
b.1-Vetor resultante (Ur) igual a zero-apolar
b.2-Vetor resultante (Ur) diferente de zero-polar

H_2 → H–H (Ur=O) → Apolar

H_2O → 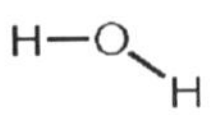 (Ur ≠ O) → Polar

BF_3 → 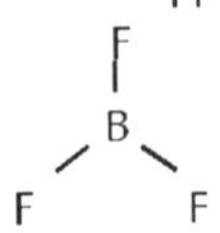 (Ur=O) → Apolar

CCl_4 → 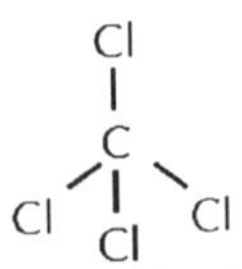 (Ur=O) → Apolar

(2) H_2 → H – H (Linear)

H_2O → 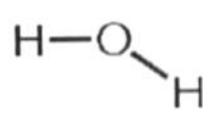 (Angular)

BF_3 →  (Trigonal planar)

CCl_4 → 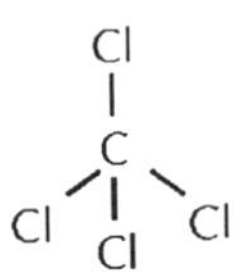 (Tetraédrica)

Questão 75

CERTOS: (0), (1), (3), (4)
ERRADOS: (2)
(2) O composto III apresenta ligação covalente feita pelo emparelhamento de elétrons do H e Cl.

Questão 76

CERTOS: (1), (2)
ERRADOS: (0), (3)
(0) O alumínio (Al) forma íon Al^{+3}, portanto, o raio do cátion é sempre menor que do átomo neutro.
(3) O metal alumínio (Al) forma ligação metálica com seus íons (Al^{+3}) que são envolvidos por um "mar" de elétrons ou ligação iônica com um ametal (ex.: $AlCl_3$).

Questão 77

CERTOS: (0), (2)
ERRADOS: (1)
(1) As ligações no CaO (cal viva) ocorre entre um metal (Ca) e um ametal (O), portanto, ligação iônica. Na molécula de H_2O (água), as ligações ocorrem entre ametais diferentes, portanto, covalente polar.

Questão 78

CERTOS: (0), (2), (3), (4)
ERRADOS: (1)
(1) Cátions do grupo 1A e Ânions do grupo 7A da tabela periódica unem-se por meio de ligação iônica. (ex: NaCl).

Questão 79

CERTOS: (0), (1)
ERRADOS: (2), (3)
(2) Havendo diferença de eletronegatividade entre átomos ligantes, serão de natureza Polar. (ex.: HCl).
(3) Covalente dupla $\rightarrow$ Quatro elétrons compartilhados. Ex.: CO_2

$$:\ddot{\underset{\cdot}{O}}::C::\ddot{\underset{\cdot}{O}}: \longrightarrow O{=}C{=}O.$$

Questão 80

CERTOS: (0), (2)
ERRADOS: (1), (3)
(1) O óxido de cálcio (CaO), com ligações entre um metal (Ca) e um ametal (O) apresenta ligação iônica.
(3) O sulfato de alumínio ($Al_2(SO_4)_3$) e o cloreto de ferro III ($FeCl_3$) apresentam somente ligação iônica e covalente.

Questão 81

CERTOS: (0), (1), (2), (4)
ERRADOS; (3)
(3) O oxigênio faz duas ligações covalentes simples com os átomos de hidrogênio.

Oxidação - Redução

Questão 82

CERTOS: (0), (1), (2)
ERRADOS: (3), (4), (5)
(3) Os íon H^+ não sofrem variação no seu número de oxidação, não são reduzidos nem oxidados.
(4) Um dos produtos da reação é o $PbSO_4$ (sulfato de chumbo II).
$PbSO_4 \rightarrow Pb^{++} SO_4^{--}$
(5) O estado de oxidação do enxofre no íon HSO^-_4 é +6.
$HSO_4^- \rightarrow X + (+1.1) + (-2.4) = -1$
↓
x **x = + 6**

Questão 83

CERTOS: (0), (3)
ERRADOS: (1), (2)
(1) O oxigênio, como substância simples (O_2), passa de estado de oxidação ZERO para o estado de oxidação $^-4$ (CO_2), sofrendo redução; portanto, é o agente oxidante.
(2) O estado de oxidação do átomo do carbono (+4) indica que o mesmo é menos eletronegativo que o oxigênio e, portanto, perde quatro elétrons.

Questão 84

CERTOS: (0), (2)
ERRADOS: (1), (3)

$$\text{(1)}\ H\overset{+5}{N}O_{3(aq)} + \overset{0}{P}_{4(S)} + H_2O_{(l)} \longrightarrow H_3\overset{+5}{P}O_{4(aq)} + \overset{+2}{N}O_{(g)}$$

oxidação

redução

Agente oxidante = sofre redução (nitrogênio); Agente redutor = sofre oxidação (fósforo)
(3) O P_4 é uma substância simples, portanto, seu estado de oxidação é zero.

Funções Inorgânicas

Questão 85

CERTOS: (0), (2), (3)
ERRADOS: (1), (4)
(1) HA = Doa prótons (Ácido de Bronsted)
R – NH_2 = Recebe prótons (Base de Bronsted)
(4) O Sal formado R – $NH_3^+A^-$ terá um ponto de ebulição maior que a substância I, pois é formado por íons positivos e negativos.

Questão 86

CERTOS: (0), (1)
ERRADOS: (2), (3)
(2) II - $AlPO_4$ (fosfato de alumínio) – sal
IV - H_3PO_4 (ácido fosfórico) – ácido
(3) III - P_2O_5 (óxido de fósforo V) – óxido
V - $Al(OH)_3$ (hidróxido de alumínio) – base

Questão 87

CERTOS: (0), (1), (3)
ERRADOS: (2)
(2) Uma solução aquosa com $[OH^-] = 10^{-13}$ mol/L possui POH = 13, lembrando que PH + POH = 14, então o PH = 1. A tabela fornece que o azul de bromotimol em PH< 6 possui coloração amarela.

Questão 88

CERTOS: (0), (1), (2), (3)
ERRADOS: Não há

Questão 89

CERTOS: (2), (3), (4)
ERRADOS: (0), (1)
(0) A solução de repolho roxo é um indicador ácido-base.

Solução de repolho roxo	**meio ácido**	**meio básico**
	Vermelho	Verde

A solução de repolho roxo na solução desconhecida a transforma em cor verde, significando que ela é básica.
(1) O ácido clorídrico é o HCl
O ácido perclórico é o $HClO_4$.

Questão 90

CERTOS: (2)
ERRADOS: (0), (1)
(0) Solução é uma mistura homogênea de seus componentes.
(1) Solução aquosa é aquela em que o solvente é a água.

Questão 91

CERTOS: (2), (3)
ERRADOS: (0), (1), (4)
(0) O precipitado formado no tratamento acima é o $Fe(OH)_3$, e recebe o nome de hidróxido férrico.
(1) A carga iônica do $Fe^{+3}_{(aq)}$ indica que perdeu três elétrons.
(4) O $CaSO_4$ (sal) recebe o nome de sulfato de cálcio. $CaSO_3$ é o sulfito de cálcio.

Gases

Questão 92

CERTOS: (0), (1)
ERRADOS: (2), (3)
(2) As moléculas dos gases, por possuírem massas diferentes, se moverão ao longo do tubo com velocidades diferentes.
(3) Pela Lei de Grahan (efusão de gases), a velocidade de um gás é inversamente proporcional à sua massa, ou seja, quanto maior a massa molecular, menor será a sua velocidade.

$$\frac{V_1}{V_2} = \sqrt{\frac{M_2}{M_1}}$$

Questão 93

CERTOS: (1), (4), (5)
ERRADOS: (0), (2), (3)

(0) Na transformação de 1 para 2, o volume aumenta e a pressão diminui, portanto, a temperatura permanece constante, pois é isotérmica.

(2) Na transformação de 3 para 1, aumentando a pressão, há um aumento de temperatura, o volume permanece constante, pois trata-se de uma transformação isocórica.

(3) As temperaturas são iguais somente nos pontos 1 e 2.

Questão 94

CERTOS: (0), (1), (3)
ERRADOS: (2)

(2) A constante dos gases (R) possui unidades, como por exemplo a Pressão, que é medida em atmosferas (atm) ou milímetros de mercúrio (mmHg).

$$PV = nRT \rightarrow R = \frac{PV}{nT} \qquad \boxed{R = \frac{atm.L}{mol.K}}$$

Questão 95

CERTOS: (0), (1), (2)
ERRADOS: (3)

(3) Nos pontos correspondentes aos estados I, II, III, IV a temperatura é constante, pois trata-se de pontos de uma isoterma.

Questão 96

CERTOS: (2), (3), (5)
ERRADOS: (0), (1), (4)

(0) Balanceando a equação:

$$XY_{4(g)} + 3Z_{2(g)} \rightarrow 2X_2Y_{2(g)} + Y_2Z_{(g)}$$

Obteremos:

$$4XY_{(g)} + 3Z_{2(g)} \rightarrow 2X_2Y_{2(g)} + 6Y_2Z_{(g)}$$

Soma dos coeficientes:

$4 + 3 + 2 + 6 = 15$

(1) 3 mols de $Z_{2(g)}$ obtém-se 6 mols de Y_2Z

$3.22,4 \text{ L} \rightarrow 6.22,4 \text{ L}$
$30 \text{ L} \rightarrow x$

$$x = \frac{30x6x22,4}{3x22,4} = 60L$$

(4) Pela lei da velocidade da difusão dos gases ou lei de Graham temos que: $\frac{V_1}{V_2} = \sqrt{\frac{M_2}{M_1}}$, ou seja, quanto maior a massa de um gás, menor será sua velocidade.

$M_{Z_2} > M_{XY_4}$ ***então:*** $V_{Z_2} < V_{XY_4}$

Questão 97

CERTOS: (1) ,(2)
ERRADOS: (0), (3)

(0) Segundo Gay-Lussac, P/T = constante, esta lei aplica-se às transformações gasosas em que o volume é constante, tal transformação é chamada de **Isocórica** ou **Isométrica**.

(3) Mantendo a pressão e a temperatura constantes, o volume de uma amostra gasosa é diretamente proporcional à quantidade de matéria (MOL) da amostra.
PV = nRT

Soluções

Questão 98

CERTOS: (1), (3), (4)
ERRADOS: (0), (2)

(0) Observando o gráfico, a substância mais solúvel em água a 10 °C é o $NaNO_3$.

(2) A solubilidade de uma substância utilizada a temperatura vai depender das propriedades específicas de cada substância. Pelo gráfico, observa-se que o $Ce_2(SO_4)_3$ diminui sua solubilidade com o aumento da temperatura.

Questão 99

CERTOS: (2), (3)
ERRADOS: (0), (1)

(0) A temperatura pode ser um dos fatores mais importante na solubilidade de uma substância em determinado solvente.

(1) De acordo com a tabela, a solubilidade do Na_2SO_4, a 60 °C, é 453 g/l. Quando adicionamos 488g/1, a solução ficará saturada a 453 g/l, e o resto de 35g em excesso se depositará no fundo do recipiente.

Questão 100

CERTOS: (0), (2)
ERRADOS: (1), (3), (4)

(1) Se no sistema II as concentrações finais modificaram-se, é porque houve passagem de água de um compartimento para o outro, daí podemos afirmar que as concentrações iniciais não eram as mesmas.

(3) A pressão osmótica depende do número de partículas dispersas na solução. Como em C o número de partículas dispersas é maior, C exercerá maior pressão osmótica que A.

(4) Pelas propriedades tonométricas, a adição de um soluto não-volátil ocasiona o abaixamento da pressão de vapor da solução. Como em A e C foram adicionados NaCl e em B temos H_2O pura, a pressão de vapor de B será maior que em A, e este, por sua vez, terá pressão de vapor maior que C.

Questão 101

CERTOS: (0), (1), (3)
ERRADOS: (2)
(2) O aumento da temperatura diminui a solubilidade do CO_2 na água.

Questão 102

CERTOS: (0), (4)
ERRADOS: (1), (2), (3)
(1) De acordo com o gráfico, com pressões abaixo de 4,579 mmHg e para temperaturas acima de 0,01 °C, a água encontra-se na fase gasosa.
(2) O aumento da temperatura acarreta o aumento na pressão de vapor da água.
(3) A vaporização é um processo endotérmico, pois necessita de calor para transformação do líquido em vapor.

Questão 103

a) Reação de neutralização completa do vinagre com o hidróxido de sódio.
$CH_3COOH + NaOH \rightarrow CH_3COONa + H_2O$
Necessita-se de 1 mol do vinagre para 1 mol de NaOH.
b) Cálculo do número de mols em 25 ml hidróxido de sódio (NaOH) = 0,2 mol/1000 ml
0,2 mol → 1000 ml
X → 25 ml → x = 0,005 = $5x10^{-3}$ mol de NaOH/25ml
Em 5 ml de vinagre, o número de mols de ácido acético é igual ao encontrado em 25 ml de NaOH, quer dizer 5×10^{-3} mols de ácido acético.
c) Cálculo do número de mols em 1 litro (1.000 ml) de vinagre.
5 ml → 5×10^{-3} mols
1000 ml → x
x = 1 mol de ácido acético, ***então:*** 1 mol = 60 g

Questão 104

CERTOS: (0)
ERRADOS: (1), (2)
(1) HCO_3^- = íon bicarbonato
CO_3^{-2} = íon carbonato
(2) Soma dos sais de sódio:

Bicarbonato de sódio	=	17,50 mg/L
Nitrato de sódio	=	14,10 mg/L
Cloreto de sódio	=	7,60 mg/L
Fluoreto de sódio	=	0,80 mg/L
Total de sais de sódio	=	40,00 mg/L

40 mg x 10 L = 400 mg ou 0,4 g.

Questão 105

Reação de neutralização completa entre o ácido clorídrico (HCl) e o hidróxido de sódio (NaOH).

$HCl_{(aq)} + NaOH_{(aq)} \rightarrow NaCl_{(aq)} + H_2O$

A equação de neutralização é:

$N_1V_1 = N_2V_2$, ***onde;***
N_1 = normalidade do ácido
V_1 = volume do ácido (litros)
N_2 = normalidade da base
V_2 = volume da base (litros)

(1) Cálculo da normalidade do ácido.

N = KM
N = 1 x 1
N = 1 eqg/L

(2) Cálculo da normalidade da base

N = KM
N = 1 x 3
N = 3 eqg/L

Então:

$N_1V_1 = N_2V_2$
$1 \times V_1 = 3 \times 0{,}02$
$V_1 = 0{,}06$ L
$V_1 = 0{,}06 \times 100$
V_1 = 6 L

Questão 106

a) Número de mols de NaOH usada:

Concentração = 0,5 mol/L
Volume (NaOH) = 800 mL = 0,8 L

Então:

0,5 mol → 1L
x → 0,8 L
x = 0,4 mol

b) Número de mols de HCl usado. De acordo com a reação fornecida:

$1H_2SO_4 + 2NaOH \rightarrow Na_2SO_4 + 2H_2O$
1 mol de H_2SO_4 —— 2 mols de NaOH
x —— 0,4 mol de NaOH
x = 0,2 mol

c) Cálculo da concentração do ácido em quantidade de matéria (mol/L)

$$M = \frac{Mol}{V(l)} = \frac{0{,}2}{0{,}05}$$

M = 4 mol/L

Questão 107

CERTOS: (1)
ERRADOS: (0), (2), (3)

(0) A solubilidade de uma substância pode ser diretamente proporcional ou inversamente proporcional à temperatura.

(2) A temperatura de ebulição de um solvente depende do local onde se realiza, pois a pressão atmosférica pode variar e, conseqüentemente, faz aumentar ou abaixar a temperatura de ebulição.

(3) A água ao ser congelada aumenta de volume, devido à existência de pontes de hidrogênio entre suas moléculas.

Questão 108

CERTOS: (0), (3)
ERRADOS: (1), (2) ,(4)

(1) A quantidade de matéria (MOL) por unidade de volume é chamada de molaridade. VOLUME MOLAR – é o volume ocupado por um Mol de qualquer substância nas condições normais de temperatura e pressão (CNTP).

(2) O sódio (Na) imerso em água (H_2O) chega a explodir, devendo, por isso, ser guardado em recipientes que contenham querosene. Reagirá de acordo com a reação abaixo, formando uma base (NaOH) e liberando gás hidrogênio (H_2).

$$2Na + 2H_2O \rightarrow 2NaOH + H_2$$

(4) As grandezas raio atômico e potencial de ionização são inversamente proporcionais.

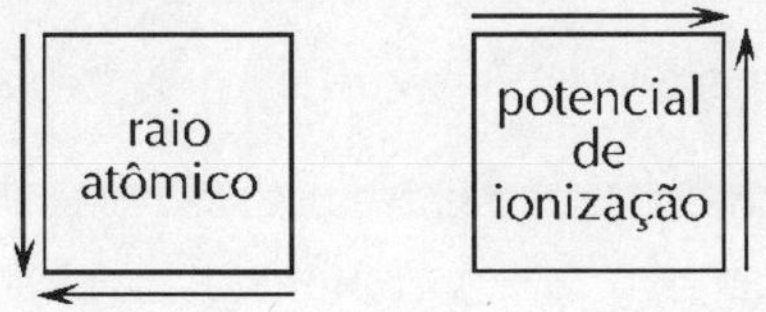

Propriedades Coligativas

Questão 109

CERTOS: (1), (3)
ERRADOS: (0), (2)

(0) De acordo com a Ebuliometria Coligativa, a adição de um soluto não volátil aumenta a temperatura de ebulição da solução (ex.: açúcar + água).

(2) A temperatura de ebulição da água aumenta quando é adicionado um soluto não volátil (ebuliometria), portanto, o acréscimo de açúcar na água aumenta a temperatura de ebulição para acima de 100 °C.

Cinética Química

Questão 110

CERTOS: (0), (2), (3)
ERRADOS: (1), (4), (5)

(1) A espécie C é caracterizada no processo como participante da etapa intermediária e não como catalisador.

(4) Pela análise gráfica, a etapa mais lenta é a que apresenta maior energia de ativação, e para a reação inversa é:

$E \rightarrow C + D$

(5) A reação inversa $E \rightarrow A+B+D$ é endotérmica, segundo o gráfico, a energia dos produtos é maior que a energia dos reagentes.

Questão 111

CERTOS: (2), (3)
ERRADOS: (0), (1), (4)

(0) A energia de ativação da etapa (a) é maior que da etapa (b), por ser a etapa (a) lenta.

(1) Haverá formação de $CH_3CH_2^+$ se as colisões entre H^+ e $CH_2 = CH_2$ forem efetivas.

(4) O diagrama que representa esta reação exotérmica é:

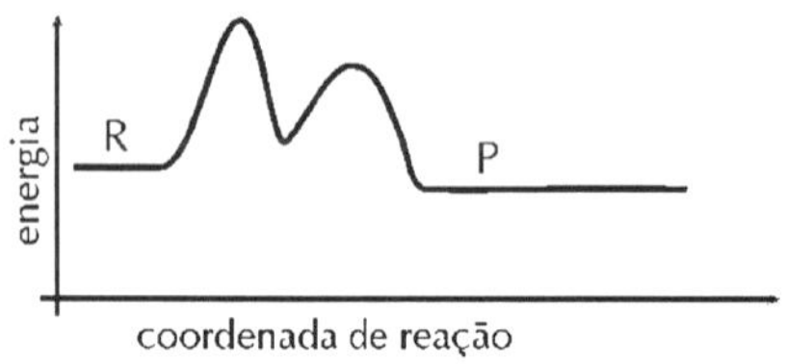

Questão 112

CERTOS: (3)
ERRADOS: (0), (1), (2)

(0) O número de colisões efetivas por segundo entre as partículas dos reagentes foi maior no teste IV, onde o tempo de dissolução foi menor.

(1) No teste III, a velocidade da reação foi maior do que nos testes anteriores, devido ao aumento da enegia cinética das partículas reagentes, pois a energia cinética é diretamente proporcional à velocidade, $Ec = \frac{mv^2}{2}$.

(2) Os dados da tabela nos mostram que, abaixando a temperatura, diminui a velocidade do processo, não favorecendo, assim, o rendimento da reação.

Termoquímica

Questão 113

CERTOS: (0), (2), (4), (5)
ERRADOS: (1), (3)

(1) A variação de entalpia (ΔH) depende da quantidade de substâncias reagentes, portanto, duplicando a quantidade de substâncias reagentes a variação de entalpia também será duplicada.

(3) É necessária mais energia para romper uma dupla ligação carbono – oxigênio (C = O) do que para romper uma simples ligação carbono – oxigênio (C – O).

Questão 114

CERTOS: (0), (3)
ERRADOS: (1), (2)

(1) A quantidade de calor liberado por unidade de massa da substância combustível é chamada de Poder Calorífico, e pela tabela fornecida o hidrogênio é considerado melhor combustível que o butano.

(2) A energia liberada na formação das ligações dos produtos é maior que a energia absorvida na ruptura das ligações dos reagentes, pois trata-se de uma reação exotérmica.

Questão 115

CERTOS: (0), (1), (4)
ERRADOS: (2), (3)

(2) E_3 = Energia do complexo ativado
E_1 = Calor de reação ou Entalpia de reação (ΔH).

(3) E_1 = Calor de reação
E_2 = Energia dos reagentes ou Entalpia dos reagentes

Questão 116

CERTOS: (0), (1), (4), (5), (6)
ERRADOS: (2), (3)

(2) A fotossíntese, que é um processo de produção de alimentos que ocorre nas plantas, é um processo endotérmico, pois só ocorre na presença da luz solar. Sua reação química é:

$$6CO_2 + 12H_2O \rightarrow C_6H_{12}O_6 + 6O_2 + 6H_2O$$

(3) Calor de formação ou entalpia de formação refere-se à síntese de um mol de um composto a partir de seus elementos formadores no estado padrão. Exemplo:

$$\frac{1}{2} N_{2(g)} + \frac{1}{2} O_{2(g)} \rightarrow NO_{(g)}$$

$\Delta H = + 21,5$ Kcal/mol

A energia envolvida na reação: $CO_{(g)} + \frac{1}{2} O_{2(g)} \rightarrow CO_{2(g)}$

é chamada de Calor de Combustão do Monóxido de Carbono, e refere-se à combustão total de um mol do composto.

Questão 117

CERTOS: (0), (2), (4)
ERRADOS: (1), (3)
(1) Reação endotérmica: $\Delta H > O$
Reação exotérmica: $\Delta H < O$
Portanto, ambas as reações acima são endotérmicas.
(3) Na quebra das ligações do etano (C_2H_6) são rompidas 6 ligações C – H e 1 ligação C – C.

$$\begin{array}{ccccc} & H & & H & \\ & | & & | & \\ H - & C & - & C & - H \\ & | & & | & \\ & H & & H & \end{array} \rightarrow 2C_{(g)} + 6H_{(g)}$$

Questão 118

CERTOS: (3), (4)
ERRADOS: (0), (1), (2)
(0) Nos processos a e b devido ao $\Delta H < O$, houve liberação de calor, pois trata-se de um processo exotérmico.
(1) No processo c houve a decomposição de uma molécula de água (H_2O) em seus componentes hidrogênio e oxigênio.
(2) Pela Lei de Hess ou Lei do estado final e inicial, o calor absorvido ou liberado numa transformação química é o mesmo, qualquer que seja o caminho percorrido pela transformação. Só interessa o estado inicial e final da reação.

$$\underbrace{C_{(s)} + 0{,}5\ O_{2(g)}}_{\text{estado inicial}} \rightarrow CO_{(g)} \xrightarrow{1/2O_{2(g)}} \underbrace{CO_{2(g)}}_{\text{estado final}}$$

Questão 119

CERTOS: (1)
ERRADOS: (0), (2), (3)
(0) Como houve liberação de calor (conforme o enunciado), trata-se de uma reação exotérmica em que:

$\Delta H = \underset{\text{(Menor)}}{Hp} - \underset{\text{(Maior)}}{Hr}$, então: $\Delta H < O$

(2) $Cr_2(SO_4)_3 \longrightarrow Cr_2^{+++}(SO_4)_3^{--}$
SULFATO DE CROMO III

(3) $K_2Cr_2O_7 \longrightarrow Cr_2(SO_4)_3$

(+6) ——— redução ——— (+3)

$K_2Cr_2O_7$ = Agente Oxidante

Questão 120

CERTOS: (0), (1), (4), (5)
ERRADOS: (2), (3)

(2) Ocorre perda de energia no processo $O_{(g)}$ → $0,5O_{2(g)}$, devido à formação de ligações existentes na molécula de O_2 (O = O).

(3) A reação $H_2O_{(g)}$ → $2H_{(g)} + O_{(g)}$ necessita de energia para romper as ligações existentes entre o hidrogênio e o oxigênio na molécula de H_2O, portanto é uma reação ENDOTÉRMICA.

Questão 121

CERTOS: (0), (1), (4)
ERRADOS: (2), (3)

(2) Conforme o enunciado, todas as reações liberam energia, portanto são exotérmicas e possuem $\Delta H < O$.

(3) A entalpia de formação de uma substância simples (O_2) no estado padrão é por definição igual a ZERO.

Questão 122

CERTOS: (3)
ERRADOS: (0), (1), (2)

(0) De acordo com a Lei de Hess, ou Lei do estado inicial e final, a variação de entalpia só depende do estado inicial e final de uma reação.

(1) A equação II representa uma fissão nuclear do $^{235}_{92}U$; portanto, uma reação nuclear.

(2) As duas reações são exotérmicas, liberam calor, e as espécies do início das reações possuem uma quantidade de energia armazenada ***maior*** do que as espécies obtidas no final do processo.

Eletroquímica

Questão 123

CERTOS: (1), (4), (5)
ERRADOS: (0), (2), (3)

(0) Cálculo do $\Delta E°$ das semi-reações:

$3Sn \rightarrow 3Sn^{+2} + 6e^-$ + 0,14V
$2Al^{+3} + 6e^- \rightarrow 2Al$ – 1,67V

$3Sn + 2Al^{+3} \rightarrow 3Sn^{+2} + 2Al$ → $\Delta E° = -1,53V$ (não espontânea).

(2) $Br_2 \rightarrow E° = +1,07V$
$F_2 \rightarrow E° = +2,87V$ → potencial de redução maior = melhor oxidante.

(3) Semi-reações:
$Ba^{+2} + 2e^- \rightarrow$ Ba° (Para cada MOL de íons, necessita de 2 elétrons).
$Na^+ + 1e^- \rightarrow$ Na° (Para cada MOL de íons, necessita de 1 elétron).

Questão 124

CERTOS: (0), (1), (3)
ERRADOS: (2)
(2) A geração de eletricidade em uma bateria é denominada pilha.

Questão125

CERTOS: (0), (2), (4), (7)
ERRADOS: (1), (3), (5), (6)
(1) Os elétrons migram do eletrodo de maior potencial de oxidação para o eletrodo de menor potencial, portanto, se o M= Ag(s), os elétrons saem do zinco (Zn) e chegam na prata (Ag).
(3) Uma reação de óxido–redução é espontânea, se o seu potencial total(ΔV) foi maior que zero. ***A saber:***
$\Delta V > 0$ = espontâneo (pilhas)
$\Delta V < 0$ = não espontâneo (eletrólise)
(5) Oxidação = Perda de elétrons.
Redução = ganho de elétrons.
(6) O potencial padrão de eletrodo (E^o) que foi escolhido como padrão de referência foi o de hidrogênio.
$2H^+_{(aq)} + 2e^- \rightarrow 1\ H_{2(g)} \rightarrow E^o = 0{,}00$

Questão 126

CERTOS: (1), (2), (3)
ERRADOS: (0)
(0) O sal de mercúrio II (Hg^{+2}) quando misturado com cobre (Cu) reagiu, segundo a equação:
$Hg^{+2} + Cu^o \rightarrow Hg^o + Cu^{+2}$
Portanto, a reação acima é de oxidação–redução com fundamentos de eletroquímica.

Questão 127

CERTOS: (1), (2), (3)
ERRADOS: (0), (4)
(0) Na reação:
$Hg^{+2}O_{(s)} + Zn^o_{(s)} + H_2O_{(l)} \rightarrow Zn^{+2}(OH)_{2(aq)} + Hg^o_{(l)}$

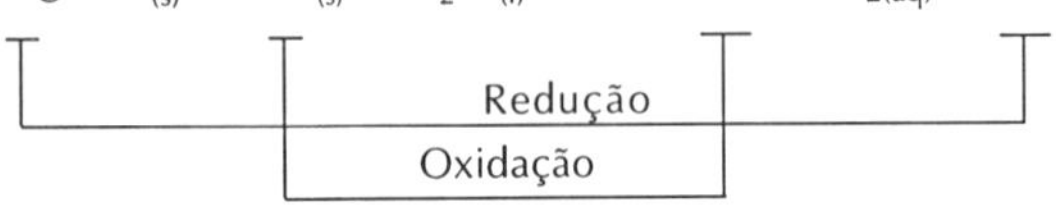

HgO = agente oxidante, pois sofre redução
Zn = Agente redutor, pois sofre oxidação
(4) De acordo com a semi-reação de oxidação do Zinco:
$Zn^o_{(s)} \rightarrow Zn^{+2}_{(aq)} + 2e^-$

Há perda de 2 elétrons.

Questão 128

CERTOS: (1)
ERRADOS: (0), (2), (3)

(0) Quando o circuito é fechado, ocorre a oxidação no eletrodo de cromo e redução no eletrodo de cobre. De acordo com os potenciais fornecidos, saem elétrons do cromo para o cobre.

(2) Devido à perda de elétrons (oxidação) o eletrodo de cromo sofrerá uma diminuição de massa.

(3) Se a ponte salina for removida, cessará o funcionamento da pilha, pois o fluxo de íons fundamental para transmissão de corrente elétrica dentro do gerador é feito por meio da ponte salina.

Questão 129

CERTOS: (4)
ERRADOS: (0), (1), (2), (3)

(0) Fazendo a somatória dos dois eletrodos, teremos a reação global.

$$Zn_{(s)} \rightleftharpoons Zn^{+2}_{(aq)} + 2e^-$$

$$2MnO_{2(s)} + 2NH_4^+{}_{(aq)} + 2e^- \rightleftharpoons Mn_2O_{3(s)} + 2NH_{3(aq)} + H_2O_{(l)}$$

$$Zn^o_{(s)} + 2Mn^{+4}O_{2(s)} + 2NH_4^+{}_{(aq)} \rightleftharpoons Zn^{+2}_{(aq)} + Mn^{+3}_2O_{3(s)} + 2NH_{3(aq)} + H_2O_{(l)}$$

Oxidação
Redução

Zn^o = Oxidação (agente redutor)
Mn^{+4} = Redução (agente oxidante)

(1) O fluxo de elétrons ocorre no sentido do zinco para a grafita.

(2) A reação total da pilha é a resolução da somatória dos dois eletrodos acima.

(3) A quantidade de Zn^{+2} aumentará, devido à perda de elétrons durante o funcionamento da pilha.

Questão 130

CERTOS: (1), (2), (3)
ERRADOS: (0)

(0) $CuSO_4$ = sulfato de cobre II
Cu_2SO_4 = sulfato de cobre I

Questão 131

CERTOS: (0), (3)
ERRADOS: (1), (2)

(1) A reação II é de redução, pois ocorre com o acréscimo de elétrons.

(2) A solução de bateria dos automóveis é constituída de ácido sulfúrico (H_2SO_4) e não ácido clorídrico (HCl).

Questão 132

Cálculo do aumento da massa pela equação de Faraday.

$m = \frac{Eit}{9600}$ E = equivalente-grama $= \frac{Atg}{Valência}$

$E_{Cr^{+3}} = \frac{52}{3}$

i = corrente em ampères = 3A
t = tempo em segundos = 9.650 seg.

$m = \frac{52/3x3x9650}{96000} = 5,227g$

multiplicando por 10 = 5,227 x 10 = 52,27
Considerando somente a parte inteira, **teremos como resultado 52.**

Radioatividade

Questão 133

CERTOS: (1), (2)
ERRADOS: (0), (3)
(0) A fissão do urânio é uma reação nuclear e não reação química.
(3) As usinas termonucleares têm como finalidade a produção de energia elétrica a partir da energia nuclear.

Questão 134

CERTOS: (2)
ERRADOS: (0), (1), (3), (4)
(0) Radônio = Rn
(1) Meia-vida = é o tempo necessário para que metade da amostra do radônio se desintegre, sendo a meia-vida de 3,8 dias.
(3) Número atômico (Z) = 86
Número de massa (A) = 222.
(4) O processo nuclear descrito acima envolve apenas o núcleo do átomo.

Questão 135

CERTOS: (0), (2)
ERRADOS: (1)
(1) Lei de Soddy – Fajans e Russel: "Quando um elemento emite uma radiação Beta, seu nº atômico aumenta de uma unidade e seu nº de massa permanece constante".

Equilíbrio Químico

Questão 136

CERTOS: (0), (3), (4)
ERRADOS: (1), (2), (5)

(1) A concentração do tubo **a** (HCl = 1 mol/ litro) é ácida, então, [H^+] > [OH^-].

(2) O equilíbrio $HCl_{(aq)} \rightleftharpoons H^+_{(aq)} + Cl^-_{(aq)}$ no tubo **a** se acha deslocado para a direita, pois o HCl é um ácido forte e, conseqüentemente, a dissociação será maior.

(5) A concentração do tubo **c** (0,1 mol / litro) é menor que no tubo **a** (1mol/litro). Transferindo igual volume de ácido (1ml) para o tubo **c** (NaOH), ocorrerá neutralização total da base e ainda haverá excesso de íons H^+ em solução, tornando-a ácida com PH menor que sete.

Questão 137

CERTOS: (1), (4)
ERRADOS: (0), (2), (3)

(0) Um aumento de volume diminui a formação de CO e H_2, pois desloca o equilíbrio no sentido da formação do menor volume.

(2) A reação sendo endotérmica (H > O) terá energia dos produtos maior que energia do reagentes

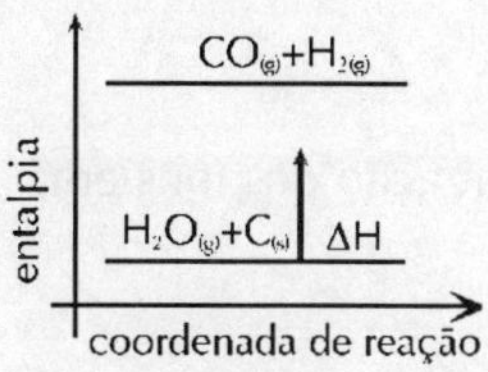

(3) A reação $CO_{(g)} + H_{2(g)} \rightleftharpoons C_{(s)} + H_2O_{(g)}$, inversa da do enunciado, será exotérmica, e, portanto, terá energia dos produtos menor que os reagentes.

Questão 138

CERTOS: (0), (2), (3)
ERRADOS: (1)

(1) Em um sistema fechado, no estado de equilíbrio, estão presentes todos os componentes dos reagentes e dos produtos, ou seja, a amônia (NH_3) e os gases hidrogênio(H_2) e nitrogênio (N_2).

Questão 139

CERTOS: (2), (3)
ERRADOS: (0), (1), (4)

(0) A equação representa um processo em equilíbrio químico, isto é demonstrado pela dupla seta ($\rightleftharpoons$), sendo que as reações ocorrem simultaneamente.

(1) A constante de equilíbrio (Kc) em uma reação depende apenas da temperatura.

(4) No equilíbrio químico são constantes as concentrações de todas as espécies químicas.

Questão 140

CERTOS: (1)
ERRADOS: (0), (2), (3)

(0) O equilíbrio químico é alterado pela concentração e pela pressão. A constante de equilíbrio só é afetada pela temperatura.

(2) Um aumento de temperatura favorece as reações endotérmicas, conseqüentemente, aumentando a constante de equilíbrio. Então, aumentando a temperatura, aumenta a constante de equilíbrio K_2.

(3) A elevação da pressão faz com que o equilíbrio seja deslocado no sentido da formação do menor número de mols, mas não afeta a constante de equilíbrio.

Questão 141

CERTOS: (0), (1)
ERRADOS: (2), (3), (4)

(2) De acordo com o equilíbrio:

$$PbI_{2(s)} \rightleftharpoons Pb^{+2}_{(aq)} + 2I^{-}_{(aq)}$$

Para cada Mol de PbI_2, forma-se 2 mols de I^-

(3) Dado o equilíbrio:

$$\underset{S}{PbI_{2(s)}} \rightleftharpoons \underset{S}{Pb^{+2}_{(aq)}} + \underset{2S}{2I^{-}_{(aq)}}$$

$K = [Pb^{+2}] \times [I^-]^2$
$K = [S] \times [2S]^2$
$K = 4S^3$

(4) A constante de equilíbrio da reação é dada pelo produto da concentração dos íons em solução aquosa, sendo que sólido não participa.

$K = [Pb^{+2}] \times [I^-]^2$

Questão 142

CERTOS: (1), (2)
ERRADOS: (0), (3)

(0) De acordo com a relação: PH + POH = 14 temos 1+ POH = 14 $\rightarrow$ POH=13.

(3) Quanto menor o PH, mais ácida a substância.

água da chuva = (PH = 6)
café preto = (PH = 5) $\rightarrow$ mais ácida.

Questão 143

CERTOS: (0), (4), (6)
ERRADOS: (1), (2), (3), (5), (7)

(1) A concentração de H^+ no equilíbrio é menor que 0,100 mol/L, pois trata-se de um ácido fraco.

(2) No equilíbrio: $HAc \rightleftharpoons H^+ + Ac^-$, há um deslocamento maior no sentido de formação do HAc, pois trata-se de um ácido fraco e a dissociação é muito pequena, portanto [HAc] > [Ac].

(3) O ácido não se encontra 100% dissociado, a concentração de H^+ será menor que 0,100 mol/L e conseqüentemente o PH será maior que 1.

(5) Na água pura vale a seguinte relação:
$[H^+] = [OH^-] = 10^{-7}$ ***então:*** pH = pOH = 7

(7) A concentração de H^+ é em função do equilíbrio químico, portanto, o PH varia com a temperatura.

Questão 144

CERTOS: (1), (2)
ERRADOS: (0), (3), (4)

(0) PH < 7 → Ácido
PH > 7 → Básico
O sangue é meio aquoso ligeiramente básico.

(3) A relação PH + POH = 14, a 25 °C e em meio aquoso continua válida.

(4) No sangue: $[H_3O^+] = 4 \times 10^{-8}$ mol/l
$[OH^-] = 2{,}5 \times 10^{-7}$ mol/l
Logo, a concentração de OH^- é maior que a de H_3O^+.

Questão 145

CERTOS: (1), (2)
ERRADOS: (0), (3), (4)

(0) No equilíbrio a concentração de C é igual a 2 mols/l.

(3) No tempo t_2 as concentrações são constantes e o sistema já atingiu o equilíbrio.

(4) No equilíbrio: $A_{(g)} + 3B_{(g)} \rightleftharpoons 2C_{(g)}$

$$Kc = \frac{\text{Produtos}}{\text{Reagentes}} = \frac{[C]^2}{[A]\,[B]^3}$$

De acordo com o diagrama fornecido:

$$Kc = \frac{[2]^2}{[0{,}5]\,[1]^3} = \frac{4}{0{,}5} = \mathbf{8 mol^2/l^2}.$$

Questão 146

CERTOS: (1), (2), (3)
ERRADOS: (0), (4)

(0) HF em solução aquosa: $HF + H_2O \rightleftharpoons H_3O^+ + F^-$, então, no equilíbrio, encontraremos as espécies HF, H_3O^+ e F^-.

(4) O equilíbrio se deslocará para a esquerda, pois a anilina ($C_6H_5NH_2$) é uma base fraca.

Questão 147

De acordo com a reação em equilíbrio:

	$PCl_{3(g)}$ +	$Cl_{2(g)}$ $\rightleftharpoons$	$PCl_{5(g)}$	
Equilíbrio	0,600 mol	0, 0120 mol	0, 120 mol	Volume = 3,00 L

$$Kc = \frac{\text{Produtos}}{\text{Reagentes}} = \frac{[PCl_5]}{[PCl_3][Cl_2]}$$

Cálculo das concentrações:

$$[PCl_3] = \frac{0{,}600 mol}{3{,}00 l} = 0{,}2 mol/l$$

$$[Cl_2] = \frac{0{,}0120 mol}{3{,}00 l} = 0{,}004 mol/l$$

$$[PCl_5] = \frac{0{,}120 mol}{3{,}00 l} = 0{,}04 mol/l$$

Substituindo na constante de equilíbrio (Kc): $Kc = \frac{0{,}04}{0{,}2 x 0{,}004} = 50 mol/L$.

Questão 148

NaOH é uma solução básica e possui concentração de OH^- igual a 1.

$pOH = -\text{Log}[OH^-]$	a 25 °C	$pH + pOH = 14$
$pOH = -\text{Log}[1]$		$pH + 0 = 14$
$pOH = 0$		$pH = 14$

Cálculos Estequiométricos

Questão 149

Equação química balanceada:

$LiH_{(S)} + H_2O_{(l)} \rightarrow LiOH_{(aq)} + H_{2(g)}$

1 mol = 8g

CNTP
- T = 0 °C
- P = 1 atm
- VOLUME = 1 mol = 22,4 litros

1 mol (LiH) ———— 22,4 l
8g ———— 22,4 l
x ———— 252 l

$$x = \frac{252.8}{22,4} = 90g$$

Questão 150

De acordo com a equação dada:

$2NaHCO_{3(S)} \rightarrow Na_2CO_{3(S)} + CO_{2(g)} + H_2O_{(l)}$

2mols ———— 1 mol
2 x 88g ———— 1 x 44g
132g (75%) ———— X

$$X = \frac{132x44}{176} = 33g$$

Questão 151

Pela equação:

$2\ CH_3COCH_{3(l)} + 3\ Ca(OCl)_{2(aq)} \rightarrow 2\ CHCl_3 + Ca(CH_3COO)_{2(S)} + 2\ Ca(OH)_{2(S)}$

Massa ——92% Rendimento—— Mols
X = ? ———— 1,38Kmol
↓ ↓
2 Mols ———— 2 Mols
↓ ↓
$2 \times 58 \times 10^{-3}Kg$ ———— $2 \times 10^{-3}K$ mol

$X \cdot \frac{92}{100} Kg$ ———— 1,38Kmol

$$X = \frac{2x58x10^{-3}x1,38}{\frac{92}{100}x2x10^{-3}} = 87\ Kg$$

Questão 152

Equação química fornecida

$Ca_3(PO_4)_2 + H_2SO_4 \rightarrow Ca_2H_2(PO_4)_2 + CaSO_4$

mol = 310,3g mol = 98g Superfosfato

310,3g ———— 98g
$155150 \cdot 10^3$ —— X

Cálculo da massa de ácido sulfúrico (H_2SO_4) em gramas.

$$X = \frac{155150 \cdot 10^3 \cdot 98}{310,3} = 49000 \cdot 10^3 g.$$

Transformando a massa para toneladas, temos então:

X = 49 t

Questão 153

Para 1 copo (200ml) = 2 colheres de sopa (30g). Proteínas em um copo de 200ml = 30%

30g ———— 100%
X ———— 30%

$$X = \frac{30 \cdot 30}{100} = 9g / 200ml$$

9g ———— 0,2 L
Y ———— 1,0 L

$$Y = \frac{9}{0,2} \qquad Y = 45g/L$$

Questão 154

Reação química balanceada:

$C_2H_8N_2 + 2N_2O_4 \rightarrow 4H_2O + 2CO_2 + 3N_2$

m = 30 Kg m(Kg) = ?

1 mol ———— 2 mols
($C_2H_8N_2$) (N_2O_4)
60g ———— 184g
$30x10^3g$ —— x $\rightarrow$ $x = 92x10^3g$ $\rightarrow$ x = 92Kg

Questão 155

Cálculo percentual em massa de nitrogênio no NH_4NO_3

NH_4NO_3 ———— 2N

80 g ———— 28 g

100 g ———— X → X = 35%

Cálculo percentual em massa do nitrogênio no $(NH_4)_2SO_4$.

$(NH_4)_2SO_4$ ———— 2N

132 g ———— 28 g

100 g ———— X → X = 21,2%

Resposta = 35

Questão 156

Equação química balanceada:

$N_{2(g)} + 3H_{2(g)} \rightarrow 2NH_{3(g)}$

1 mol = 28g 2 mols = 34g

28g ———— 34g

X ———— 170g → X = 140g

Dividindo o resultado por 10,

$$X = \frac{140}{10} = 14$$

Questão 157

Equação química balanceada:

$X_2 + 3Y_2 \rightarrow 2XY_3$

1 mol = 14g 2 mols = 20g

14g ———— 20g

X ———— 140g

X = 98g X = 98

Questão 158

Reação de neutralização total:

H_2SO_4 + $Ca(OH)_2$ → $CaSO_4$ + $2H_2O$

1mol = 98g   1mol = 74g

98g ———— 74g

10000000g(X98%) — X

X = 74 x 10^5g

Dividindo o resultado por 10^5, temos:

$$X = 74 \text{ X } \frac{10^5}{10^5} = 74$$

Questão 159

Equação química balanceada:

$CaCO_3$ + H_2SO_4 → $CaSO_4$ + H_2O + CO_2

1mol = 100g   1mol = 98 g   1mol = 136g

100g ——— 98g ———— 136g

50g ——— 49g ———— X

X = 68g ($CaSO_4$)   X = 68

Questão 160

Reação química balanceada:

NaI → Na^+ + I^-

1 mol = 150g   1 mol = 127g

De acordo com a Legislação:

1Kg (NaI) ———— 0,01g I^-

1270 Kg (NaI) ———— x

X = 12,7 g I^-

150g (NaI) ———— 127g (I^-)

Z ———— 12,7g (I^-)

Z = 15g (NaI)

Z =15

Questão 161

Reação de combustão do iso-octano balanceada:

$$\underbrace{1C_8H_{18}}_{1\,mol} + \frac{25}{2}O_2 \rightarrow \underbrace{8CO_2}_{8\,mols\ \times\ 44g} + 9H_2O$$

1 mol (C_8H_{18}) ——— 0,352 Kg (CO_2)
10 mols ——— x
X = 3,52Kg

Multiplicando por 10 e desprezando a parte decimal, temos: X = 3,5 x 10 = 35.

Questão 162

CERTOS: (0)
ERRADOS: (1), (2), (3)

(1) Consultando a tabela, a proporção entre as massas de oxigênio e hidrogênio na água (ensaio b) é de 0,033 para 0,004 ou 33:4.
(2) A água (H_2O) é formada pela ligação covalente entre dois átomos de hidrogênio e um átomo de oxigênio.
(3) A reação de decomposição da água (H_2O) é um processo de absorção de calor, portanto, endotérmico.

Questão 163

Equação química balanceada

$$\underbrace{2\ Al_{(S)}}_{2Mols} + 3\ O_{2(g)} \rightarrow Al_2O_{3(S)} \quad \Delta H = -1652Kj.Mol^{-1}$$

1652Kj

2 x 27 ——— 1652Kj
X ——— 153Kj

$$X = \frac{2 \cdot 27 \cdot 153}{1652} = 5g$$

Orgânica - Cadeias Carbônicas

Questão 164

CERTOS: (0), (3), (5)
ERRADOS: (1), (2), (4)
(1) I e II são isômeros de posição.
I = 2,2,4 - trimetil pentano (ISO - OCTANO)
II= 2,3,4 - trimetil pentano
(2) O composto III é um hidrocarboneto aromático, devido à presença do benzeno.
(4) Condição para ocorrer isomeria geométrica (CIS - TRANS)

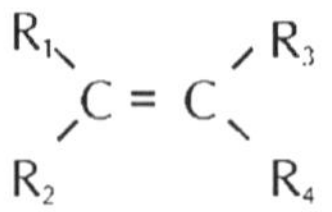

a) Dupla ligação

b) $R_1 \neq R_2$, $R_3 \neq R_4$

O composto V não apresenta estas condições.

Questão 165

CERTOS: (2), (3), (4)
ERRADOS: (0), (1)
(0) A substância tetraciclina apresenta apenas ligações covalentes.
(1) A tetraciclina apresenta quatro anéis cíclicos, sendo que apenas um é aromático.

Orgânica - Nomenclatura

Questão 166

CERTOS: (0), (1)
ERRADOS: (2), (3)
(2) Fórmula molecular = $C_{10}H_{22}$
Fórmula mínima = C_5H_{11}
(3) Este composto é mais volátil que seu isômero de cadeia reta, pois compostos de cadeia ramificada possuem ponto de ebulição mais baixo que seu isômero de cadeia reta.

Orgânica - Funções Orgânicas

Questão 167

CERTOS: (0), (2), (3)
ERRADOS: (1), (4), (5)
(1) Amina Primária = $R - NH_2$

Amina Secundária = $R - \underset{\displaystyle H}{\underset{|}{N}} - R'$

Amina Terciária = $R - \underset{\displaystyle R''}{\underset{|}{N}} - R'$

(4) As aminas aromáticas são bases mais fracas que as aminas alifáticas.
(5) O composto VI é o trinitroglicerina, utilizado como explosivo.
$R - NO_2 \rightarrow$ Nitrocomposto.

Questão 168

CERTOS: (0), (2), (4), (5)
ERRADOS: (1), (3)

(1) $CH_3 - CH_2 - \overset{\displaystyle O}{\overset{\|}{C}} - ONH_4 \rightarrow$ sal de ácido carboxílico (propanoato de amôneo).

(3) $CH_3 - CH_2 - CH_2 - \underset{\displaystyle OH}{\underset{|}{CH}} - CH_2 - CH_3 \rightarrow$ 3 - Hexanol

Questão 169

CERTOS: (0), (2)
ERRADOS: (1), (3), (4)
(1) Mesmo Composto $\rightarrow$ 1 - Fenil Propeno
(3) Mesmo Composto $\rightarrow$ 1, 3 - Dinitro Benzeno
(4) Mesmo Composto $\rightarrow$ 2 - Butano Amina

Questão 170

CERTOS: (1), (3)
ERRADOS: (0), (2), (4)
(0) O fenol de estrutura OH não é álcool.

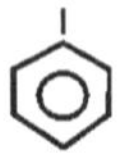

(2) O ácido acético ($H_3C - COOH$) possui ponto de ebulição maior que os álcoois de massa molecular correspondente, devido ao maior número de pontes de hidrogênio que se formam entre uma molécula e outra do ácido.
(4) O náilon$^{-}_{66}$ é uma poliamida, devido à presença do grupamento

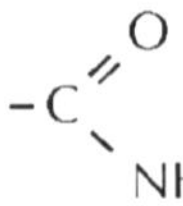

NH, que é característico das amidas.

Questão 171

CERTOS: (1), (2)
ERRADOS: (0), (3)
(0) Nos postos de combustíveis, o álcool vendido é o etanol ou álcool etílico.
(3) Na isomeria, as substâncias apresentam a mesma fórmula molecular e estruturas diferentes. O metanol (CH_3OH) e o etanol (C_2H_5OH) possuem fórmulas moleculares diferentes, logo não são isômeros.

Questão 172

CERTOS: (0), (1), (2), (3)
ERRADOS: Não há

Questão 173

CERTOS: (0), (3), (4)
ERRADOS: (1), (2)
(1) II pertence à classe dos aminoáciodos e possui caráter anfótero.
(2) III pertence à classe das amidas e possui caráter anfótero.

Questão 174

CERTOS: (1), (2), (4)
ERRADOS: (0), (3)

(0) O formaldeído é obtido pela oxidação do álcool metanol.

(3) Solução aquosa 2% (em massa); 2g → Formaldeído
98g → Água

2g (Aldeído) ———— 100g (solução)
X ———— 600g (solução) → X = 12g

Questão 175

CERTOS: (0), (1)
ERRADOS: (2), (3)

(2) A diminuição da solubilidade em água das cetonas é devido ao aumento da cadeia carbônica apolar.

(3) O composto A (acetona) pode ser obtida pela oxidação do álcool 2-propanol.

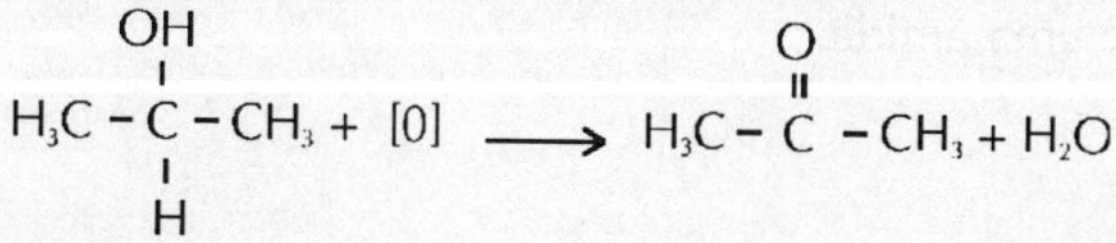

2 – Propanol Acetona

Questão 176

CERTOS: (0), (1)
ERRADOS: (2), (3)

(2) Isomeria geométrica necessita de 2 condições:
a) dupla ligação entre carbonos.
b) ligantes diferentes no carbono da dupla.

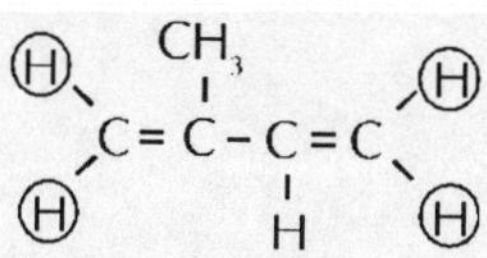

Os ligantes assinalados são iguais.

(3) A Hidrogenação completa do Isopreno produz o 2-Metil-Butano.

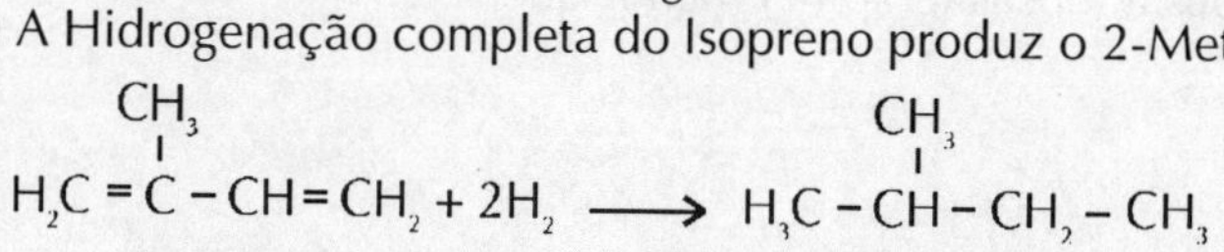

Isopreno 2-Metil-Butano

Questão 177

CERTOS: (3)
ERRADOS: (0), (1), (2), (4)

(0) O caráter ácido das substâncias varia da seguinte forma:
Ácido Carboxílico > fenol > H_2O > álcool,
Portanto o fenol possui maior caráter ácido que o álcool.

(1) 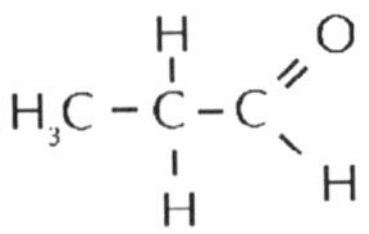 é um aldeído e 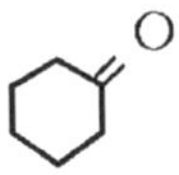 é uma cetona.

(2) O propanoato de etila resultou da reação entre o ácido propanóico e o etanol.

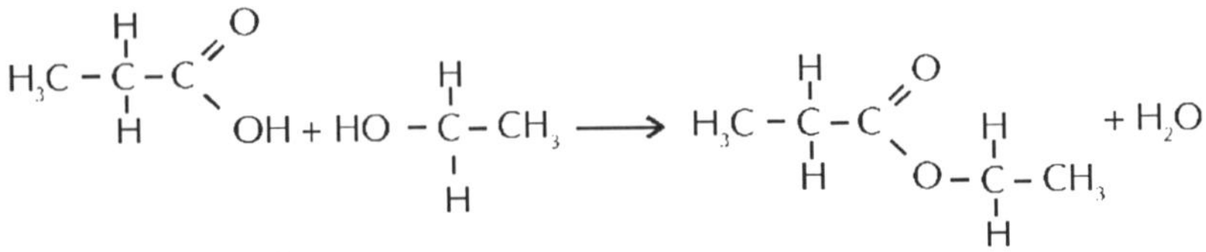

(4) As substâncias, ao reagirem, vão formar uma amida.
Diácido + Diamina → Poliamida

Questão 178

CERTOS: (0), (2), (3), (4)
ERRADOS: (1)

(1) A fórmula do fenol é 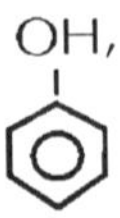, conhecido como hidroxi-benzeno, fenol comum ou Ácido fênico.

Questão 179

CERTOS: (1), (2)
ERRADOS: (0)

(0) Ácido acético e o fenol em soluções aquosas terão PH menor que sete.

Questão 180

CERTOS: Não há
ERRADOS: (0), (1), (2)
(0) Acetato de etila = $CH_3COOCH_2CH_3$
Fórmula molecular = $C_4H_8O_2$
Fórmula mínima = C_2H_4O
(1) Ácido Carboxílico + Álcool $\rightarrow$ Éster + H_2O

$$R-C(=O)-OH + R-OH \longrightarrow R-C(=O)-O-R + H_2O$$

(2) Butanoato de Butila = $CH_3-CH_2-CH_2-C(=O)-O-CH_2-CH_2-CH_2-CH_3$

Questão 181

CERTOS: (2), (3)
ERRADOS: (0), (1)
(0) As bactérias catalisam a oxidação do etanol.
(1) Ácido acético = CH_3COOH
Ácido fórmico = HCOOH.

Questão 182

CERTOS: (0), (2), (3)
ERRADOS: (1)
(1) A vitamina C possui função mista na sua estrutura, com éster, álcool e enol.

Orgânica - Hidrocarbonetos

Questão 183

CERTOS: (0), (1), (5)
ERRADOS: (2), (3), (4)
(2) $H_2C = CH_2 + 3O_2 \rightarrow 2CO_2 + 2H_2O$
gás carbônico (dióxido de carbono)

(3) $H_2C = CH_2 \xrightarrow[\text{Pressão}]{\Delta/\text{Cat}} (-CH_2-CH_2-)_n$
Polietileno (estrutura D)

(4) $H_2C = CH_2 + Br_2 \xrightarrow{CCl_4} H_2C(Br)-CH_2(Br)$
1,2 Dibromo Etano (Líquido E)

Questão 184

CERTOS: (0), (3)
ERRADOS: (1), (2)
(1) A gasolina é obtida pela destilação fracionada do petróleo.
(2) Terá maior ponto de ebulição o hidrocarboneto com maior número de átomos de carbono, portanto, o heptano tem menor ponto de ebulição que o octano.

Questão 185

CERTOS: (5)
ERRADOS: (0), (1), (2), (3), (4)
a) I, II, III, IV, V, VI Com fórmula molecular C_6H_{10}
b) Carbonos sp^2

I	2 átomos de carbono sp^2
II	2 átomos de carbono sp^2
III	nenhum átomo de carbono sp^2
IV	nenhum átomo de carbono sp^2
V	4 átomos de carbono sp^2
VI	4 átomos de carbono sp^2

c) Com isomeria CIS-TRANS(geométrica)

I	Não
II	Não
III	Não
IV	Não
V	Sim
VI	Não

O único composto com fórmula molecular C_6H_{10} com 4 átomos de carbono sp^2 que não possui isomeria geométrica é o VI.

Questão 186

CERTOS: (3), (4), (5)
ERRADOS: (0), (1), (2)
(0) O petróleo não é uma fonte renovável de energia.
(1) O GLP (gás de cozinha) é formado de propano+butano, C_3H_8 e C_4H_{10}.
(2) Os principais componentes da gasolina são alcanos de fórmula geral C_nH_{2n} +2.

Questão 187

CERTOS: (0), (1)
ERRADOS: (2)
(2) Combustões incompletas são aquelas em que a quantidade de oxigênio é menor do que a exigida pela reação, formando, com isso, monóxido de carbono (CO).

Questão 188

CERTOS: (0)
ERRADOS: (1), (2), (3)

(1) Uma polimerização nem sempre ocorre com monômero insaturado.

(2) O propeno, devido à existência da dupla ligação, é classificado como um hidrocarboneto insaturado.

(3) Pela regra de Markownikoff, o hidrogênio irá para o carbono mais hidrogenado.

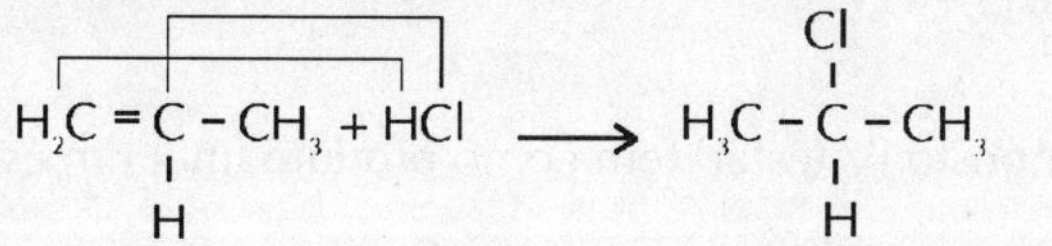

2 – Cloro-Propano

Questão 189

CERTOS: (0), (2), (3), (4)
ERRADOS: (1)

(1) Estado físico dos alcanos: ***517***
Gasoso = De 1 a 4 carbonos.
Líquido = De 5 a 17 carbonos.
Sólido = Acima de 17 carbonos.

Orgânica - Reações Orgânicas

Questão 190

CERTOS: (0), (2), (3), (4)
ERRADOS: (1)

(1) No grupo funcional (– COONa), o átomo de sódio (metal) liga-se por meio de ligação iônica ao oxigênio (não-metal).

Questão 191

CERTOS: (0), (2), (3)
ERRADOS: (1) (4), (5), (6)

(1) O composto II (propanona) é formado pela oxidação energética do álcool secundário (VII) abaixo:

$$H_3C-\underset{\underset{H}{|}}{\overset{\overset{OH}{|}}{C}}-CH_3 + [0] \xrightarrow[\Delta]{KMnO_4} H_3C-\overset{\overset{O}{\|}}{C}-CH_3 + H_2O$$

(4) A reação do composto I (álcool) com o composto IV (éster) tem como produto final um éster e um álcool. É um cetal o composto V.

(5) O composto VI (éter) é o produto da desidratação intermolecular de I (álcool).

$$2H_3C-CH_2-OH \xrightarrow[140\,°C]{H_2SO_4} H_3C-\underset{\underset{H_2}{|}}{\overset{\overset{H}{|}}{C}}-O-CH_2-CH_3$$

(6) A reação de I (álcool) com H^+ e aquecimento (desidratação intramolecular) tem como produto final um alceno.

$$H_3C-CH_2-OH \xrightarrow[170\,°C]{H_2SO_4} H_2C=CH_2 + H_2O$$

Questão 192

CERTOS: (0), (1), (4)
ERRADO: (2), (3)

(2) Formação de ácido e álcool a partir da Hidrólise de C.

$$H_3C-\overset{\overset{O}{\|}}{C}-O-CH_3 + H_2O \longrightarrow H_3C-C\begin{matrix}\nearrow O \\ \searrow OH\end{matrix} + H_3C-OH$$

Ácido Álcool

Oxidação do álcool metanol:

$$H-\underset{\underset{H}{|}}{\overset{\overset{OH}{|}}{C}}-H + [O] \longrightarrow H-C\begin{matrix}\nearrow O \\ \searrow H\end{matrix} + [O] \longrightarrow CO_2 + H_2O$$

(3) As cetonas não são oxidadas com $KMnO_4$ em condições brandas.

Questão 193

CERTOS: (0), (3)
ERRADOS: (1), (2)

(1) A borracha natural é obtida pelo método de adição 1,4, conforme a reação abaixo:

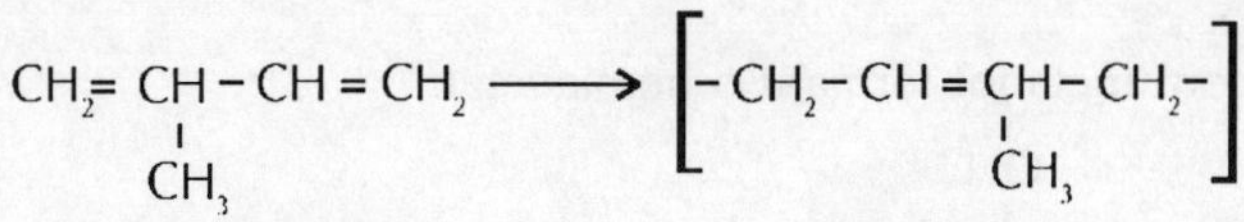

Metil - 2 - butadieno 1,3 (Isopreno) — Polisopreno (borracha natural)

(2) O PVC (policloreto de vinila) é um polímero formado pela polimerização do CLORETO DE VINILA.

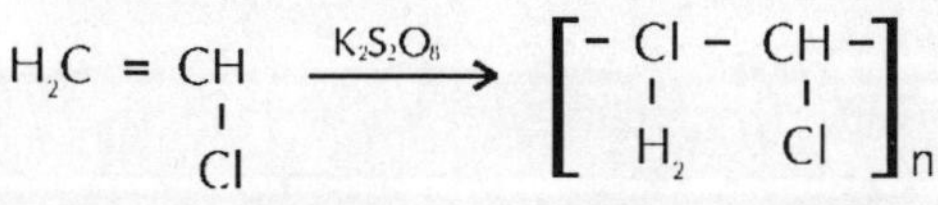

Cloreto de polivinila (PVC).

Observação:
POLÍMEROS = Formados por macromoléculas que apresentam unidades estruturais que se repetem sucessivamente.
COPOLÍMEROS = Formados por mais de um monômero.

Questão 194

CERTOS: (1), (2)
ERRADOS: (0), (3)

(0) O carboidrato formado na fotossíntese é a glicose ($C_6H_{12}O_6$) pela equação fornecida, e que é isômero da frutose.
glicose = álcool + aldeído
frutose = álcool + cetona
glicose + frutose = sacarose.

(3) O amido é formado pela condensação de moléculas de α glicose.
É um polissacarídeo de fórmula $(C_6H_{10}O_5)_n$. É encontrado como produto de reserva das plantas e forma grânulos brancos, como arroz, trigo, centeio, etc.
Nos animais, a fonte de reserva é o glicogênio, armazenado principalmente no fígado e nos músculos. Quando o organismo necessita de glicose ocorrerá uma imediata transformação de glicogênio em glicose.

Questão 195

CERTOS: (0), (1), (4)
ERRADOS: (2), (3)

(2) Não ocorre reação do composto III (cetona) na presença de $KMnO_4$ (diluído). As cetonas sofrem redução, mas não oxidação.

(3) A reação do aldeído acético (III) com metanol formará o hemiacetal.

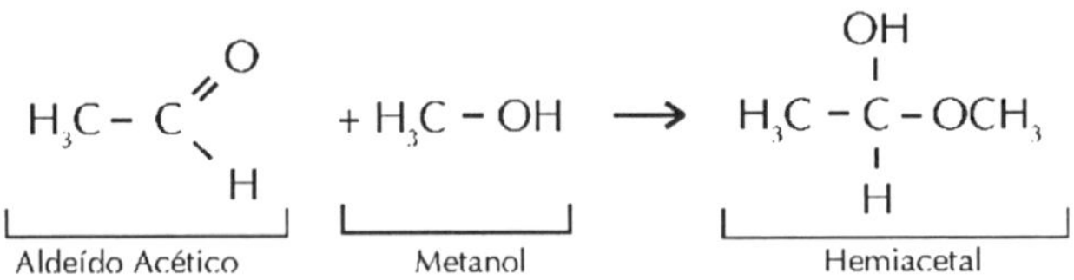

Questão 196

CERTOS: (1), (2)
ERRADOS: (0), (3), (4)

(0) O composto D, 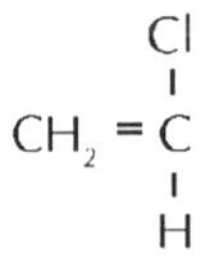 é chamado cloro eteno ou cloreto de vinila.

(3) O composto C, 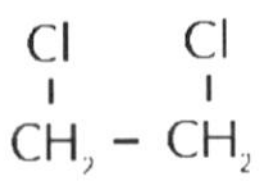 possui nome oficial 1,2 - Dicloro etano.

(4) O composto $CH_2 = CH_2$, devido à presença da dupla ligação, pertence ao grupo dos alcenos.

Questão 197

CERTOS: (0), (1), (2), (3)
ERRADOS: Não há

Questão 198

CERTOS: (0), (1), (2), (4)
ERRADOS: (3)

(3) O radical Nitro(NO_2) é meta-dirigente.

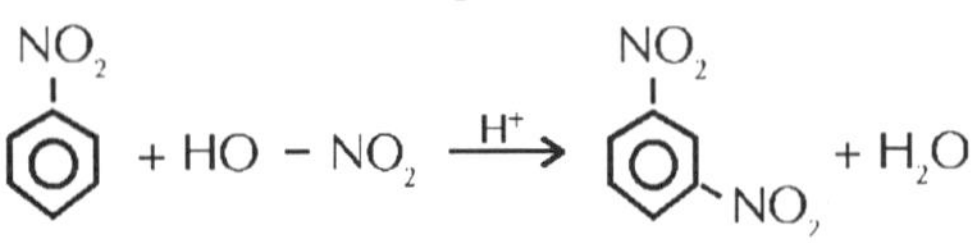

Questão 199

CERTOS: (0), (1), (4), (5)
ERRADOS: (2), (3)

(2) A reação dos alcenos (propeno) com halogênios (Br_2) não necessita de luz, pois o íon Br^+ é muito reativo para reagir com o alceno.

(3) A hidratação de alcenos, levará à formação de álcoois, conforme a reação.

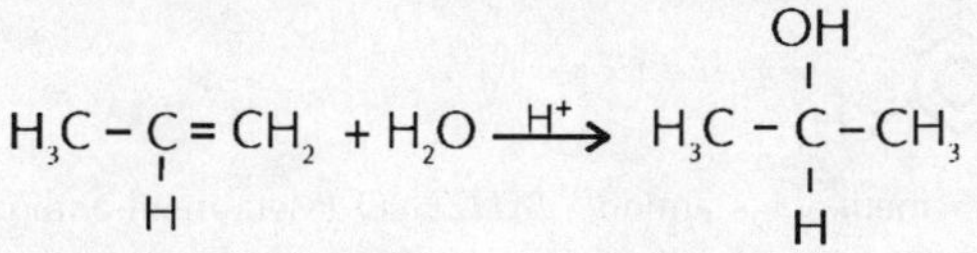

O hidrogênio irá para o carbono mais hidrogenado, obedecendo a regra de Markownikoff.

Questão 200

CERTOS: (2), (3)
ERRADOS: (0), (1)

(0) O nome oficial da putrescina é 1,4 - Butanodiamina.
$H_2N - CH_2 - CH_2 - CH_2 - CH_2 - NH_2$

(1) Putrescina e cadaverina pertencem à função amina, devido à presença do grupamento – NH_2 (Amino).
Aminoácidos, além da função amina, possuem a função ácido carboxílico na sua estrutura.
Exemplo:

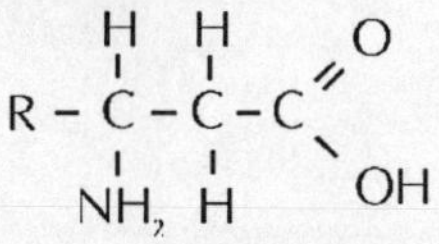

Questão 201

CERTOS: (1), (2), (3)
ERRADOS: (0), (4)

(0) Etanol = 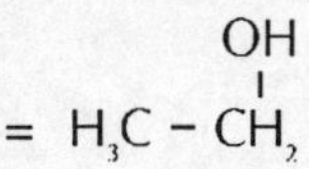 ($H_3C - CH_2OH$)

Ácido Acético = 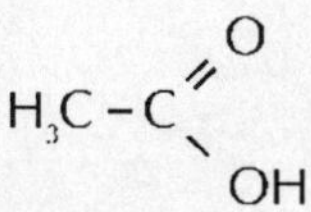 ($H_3C - COOH$)

(4) Somente a temperatura é que altera o valor da constante de equilíbrio (Kc).

Questão 202

CERTOS: (0), (2), (3), (4)
ERRADOS: (1), (5)

(1) O radical (NO_2) vai orientar a entrada do radical metil (CH_3) na posição meta-dirigente. A reação é o método de Friedel-Crafts para alquilação do anel Benzênico.

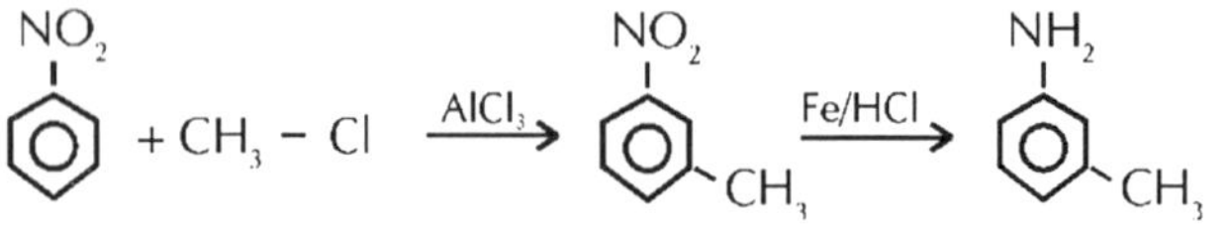

3 - metil - 1 - amino - BENZENO (Meta-metil-anilina).

(5) O composto II é a m-metil-anilina.

Questão 203

CERTOS: (0), (3), (4)
ERRADOS: (1), (2)

(1) A estrutura II é uma amida de fórmula

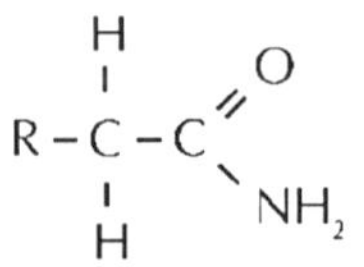

(2) A hidrólise da estrutura I (Proteína) leva à formação de cadeias de aminoácidos.

Questão 204

CERTOS: (1), (3)
ERRADOS: (0), (2)

(0) O tolueno é obtido na síntese de Friedel – Crafts, na reação do benzeno com um haleto, em presença do catalisador $AlCl_3$.

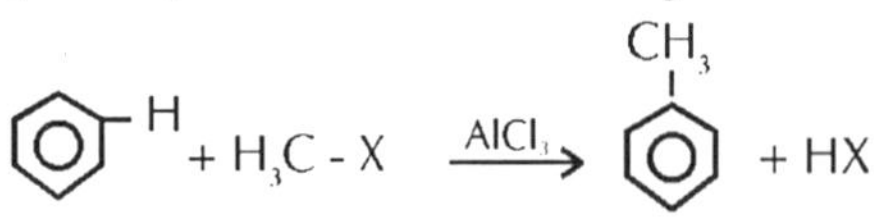

(2) o nome do composto é  é para-clorotolueno.

Questão 205

CERTOS: (1), (2)
ERRADOS: (0), (3), (4)
(0) $KMnO_4$ (a frio) não oxida alcanos.
(3) não ocorre reação de álcoois (R – OH) na presença de Br_2/CCl_4.
(4) A substância **e** reage com a solução **f**, segundo a equação:

$$CH_3CH_2CH=CHCOOCH_3 + [O] + H_2O \xrightarrow[\text{Frio}]{KMnO_4} CH_3CH_2\underset{|}{\overset{OH}{C}}H-\overset{OH}{C}HCOOCH_3$$

Glicol

Questão 206

CERTOS: (0), (1), (2), (4)
ERRADOS: (3), (5)
(3) Reações de Adição:

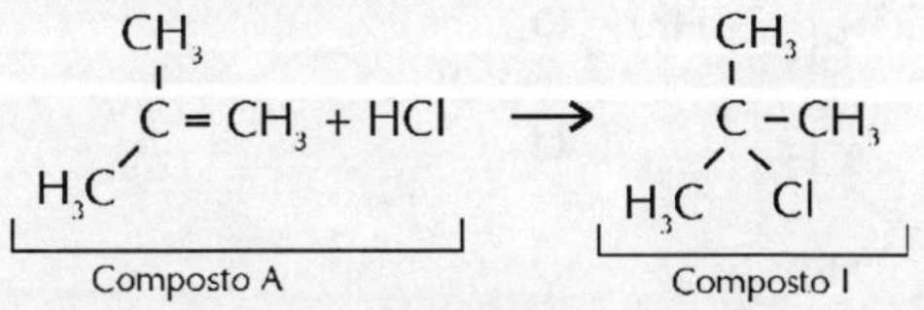

Reações de Substituição:

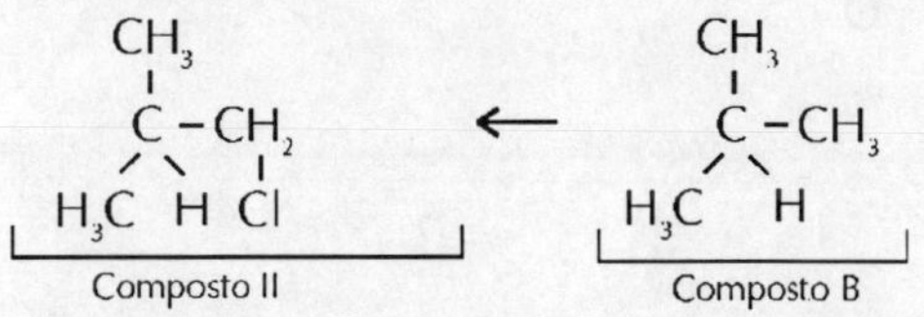

Portanto , a reação de B com Cl_2 é uma reação de substituição.
(5) No composto II, o cloro está ligado a um carbono primário.

Questão 207

CERTOS: (1), (3), (4)
ERRADOS: (0), (2)
(0) O limoneno é um composto de cadeia fechada não aromática (alicíclico).
(2) No tratamento de I (limoneno) com excesso de $KMnO_4/H_2SO_4$, ocorrerá:

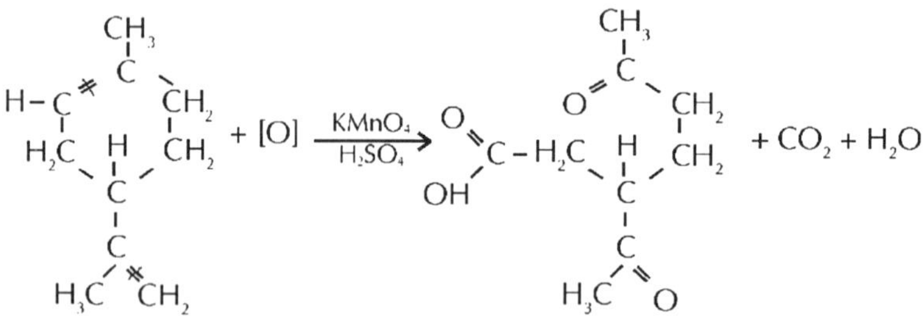

Com a Ozonólise e posterior hidrólise ocorrerá:

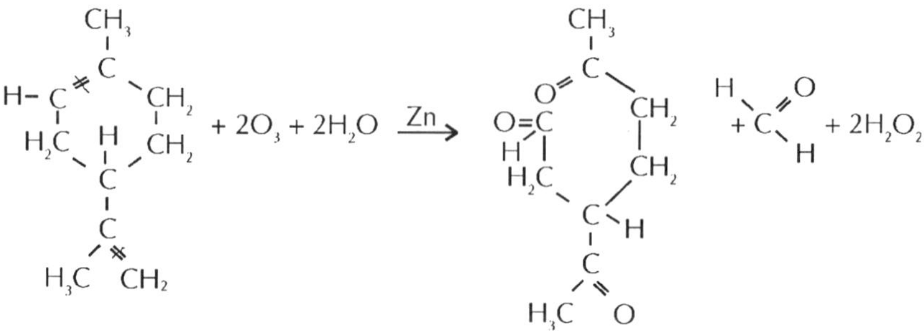

Questão 208

CERTOS: (2), (3), (4)
ERRADOS: (0), (1)
(0) Reação de I com Br_2 na presença de $FeBr_3$:

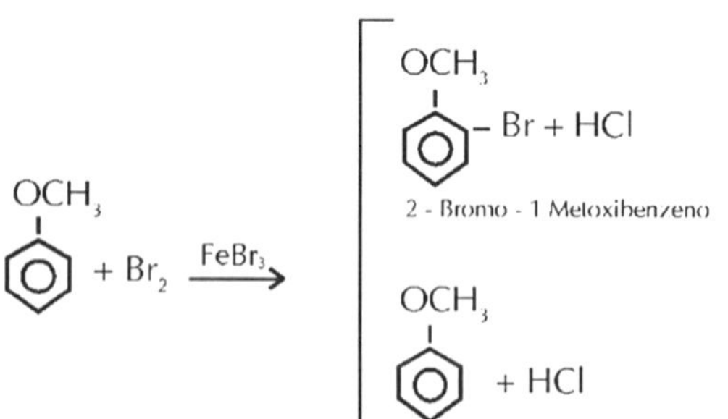

(1) Reação do tolueno com halogênio

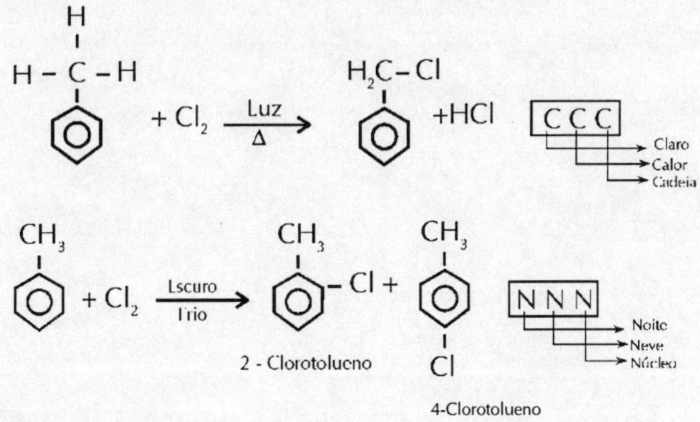

Questão 209

CERTOS: (0), (4)
ERRADOS: (1), (2), (3)

(1) A letra "p" do ácido p-aminobenzóico significa **Para**, e é relativa a posição 1, 4 - ligada ao anel benzênico.

(2) O ácido p-amino benzóico é uma função mista entre amina e ácido carboxílico.

(3) Segundo a teoria das colisões, o aumento da concentração dos reagentes aumenta o número de colisões.

Questão 210

CERTOS: (0), (3), (4)
ERRADOS: (1), (2)

(1) Quando uma reação atinge o equilíbrio, as concentrações finais do reagentes e dos produtos serão iguais (constantes).

(2) O ácido sulfúrico (H_2SO_4) funciona como catalisador da reação, aumentando a velocidade e diminuindo a energia de ativação da reação.

Correções e resoluções das questões operatórias

Química do Ambiente/ Substâncias e misturas

Questão 01

CERTOS: (1), (2)
ERRADOS: (0), (3)
(0) A substância ozônio (O_3) é alótropo do oxigênio (O_2).
(3) O estado de oxidação da substância simples (O_3) é por definição igual a ZERO.

Questão 02

CERTOS: (3)
ERRADOS: (0), (1), (2)
(0) Sódio = Na
Potássio = K
Cloro = Cl
Fósforo = P
(1) Uma quantidade alta de sódio extracelular é seguida por um aumento de cloro intracelular, de acordo com o texto.
(2) O cloro faz ligação iônica com o potássio, por meio da transferência de elétrons do potássio para o cloro.

Questão 03

CERTOS: (1), (3)
ERRADOS: (0), (2)
(0) Ferro = Fe
Frâncio = Fr
(2) O ferro encontrado em alimento vegetal é o mesmo encontrado em alimento animal, sendo, pois, antianêmico.

Questão 04

CERTOS: (1), (3), (5), (6)
ERRADOS: (0), (2), (4)
(0) A substância O_3(ozônio) é um alótropo do O_2(oxigênio).
(2) Existem 04 (quatro) substâncias compostas.
Substâncias simples = O_3, Fe
Substâncias compostas = CaO, CO_2, H_2O, NaCl.
(4) O CO_2 (gás carbônico) é o principal responsável pelo **efeito estufa**.

Questão 05

CERTOS: (1), (2)
ERRADOS: (0), (3)
(0) A substância OO por ser simples não poderá ser decomposta por processo físico.
(3) A representação fornecida trata-se de uma mistura de substâncias.

Questão 06

CERTOS: (1), (2)
ERRADOS: (0), (3)
(0) O sistema formado pelas substâncias $H_2O_{(l)}$ + gelo é heterogêneo formado pelos mesmos componentes.
(3) A mistura constituída pelas substâncias I, II, III e V apresenta 3 (três) fases, pois I e II é homogêneo e possui somente uma fase.

I + II + III + V = 3 fases
(I + II: 1 fase; III: Areia; V: Gasolina)

Questão 07

CERTOS: (1), (3)
ERRADOS: (0), (2)
(0) A etapa B corresponde ao material em estado de fusão e coexiste simultaneamente o estado sólido mais o estado líquido da substância.
(2) O gráfico acima, por apresentar propriedades definidas (ponto de fusão, ponto de ebulição), trata-se de uma substância pura.

Reações Químicas

Questão 08

CERTOS: (2), (3), (4)
ERRADOS: (0), (1)
(0) A reação acima obedece a Lei da conservação da massa de Lavoisier, pois a soma das massas dos reagentes é igual à soma das massas dos produtos.

$O_3 + O \longrightarrow 2\,O_2$
4 átomos — 4 átomos
massas iguais

(1) Um mol de ozônio (O_3) produz 12, 0x10^{23} moléculas de oxigênio.

$O_3 + O \rightarrow 2\,O_2$
1 mol ———— 2 mols
(6x10^{23} moléculas) ———— (12x10^{23} moléculas)

Questão 09

CERTOS: (2)
ERRADOS: (0), (1)

(0) 4 mols (H_2O) ———————— 4x22, 4 L (H_2)
X = 89, 6 L (H_2)

(1) A reação de obtenção da água é de **formação ou síntese.**

Questão 10

CERTOS: (0), (2)
ERRADOS: (1), (3)

(1) A soma dos coeficientes da equação balanceada é igual a 5 (cinco).

$\underline{2}\,Mg + \underline{1}\,O_2 \rightarrow \underline{2}\,MgO$

Soma = 2 + 1 + 2 = 5

(3) O magnésio na equação acima é o agente redutor, pois sofre oxidação.

$Mg + O_2 \rightarrow MgO$

(0) → (+2) oxidação

Questão 11

CERTOS: (0), (1), (2)
ERRADOS: Não há

Questão12

CERTOS: (0), (1), (3)
ERRADOS: (2)

(2) O estado de oxidação do ferro (Fe) varia segundo o esquema abaixo:

$Fe + HCl \rightarrow H_2 + FeCl_2$

(0) ——————— (+2)

Questão 13

$2\,NaCl + 2H_2O \rightarrow 2\,Na\,OH + Cl_2 + H_2$

2x58, 5g ———————— 2x40g

11, 7 ———————— x

$$X = \frac{11{,}7 \cdot 80}{117}$$

X= 8g

Questão 14

CERTOS: (1), (2), (3)
ERRADOS: (0)
(0) A equação da destruição do ozônio (O_3) é de **formação**, conforme é mostrado a seguir:

$$O_3 + O \rightarrow 2O_2$$

Questão 15

CERTOS: (2), (3)
ERRADOS: (0), (1)
(0) O experimento realizado por Lavoisier representa a formação da água (H_2O).
(1) Com esse experimento, ficou provado que a água é uma substância composta formada pelos **elementos químicos**: hidrogênio e oxigênio.

Questão 16

CERTOS: (0), (1), (2)
ERRADOS: Não há

Questão 17

CERTOS: (0), (1), (2)
ERRADOS: Não há

Questão 18

CERTOS: (1), (2), (4)
ERRADOS: (0), (3)
(0) O ácido sulfúrico (H_2SO_4) é produzido por meio da reação do trióxido de enxofre (SO_3) com água (H_2O).
(3) Como o próprio texto diz, os peixes dos rios e lagos sobrevivem em um pH superior a 4, 5.

Questão 19

CERTOS: (1), (2)
ERRADOS: (0), (3)
(0) O efeito estufa ocasiona altas temperaturas, onde a concentração de CO_2 é elevada.
(3) Os países desenvolvidos é que são os maiores responsáveis pela poluição na atmosfera pelo CO_2, devido à falta de uma legislação rígida de controle ambiental.

Questão 20

CERTOS: (0), (1), (2), (3)
ERRADOS: Não há

Questão 21

CERTOS: (1), (3)
ERRADOS: (0), (2)

(0) A massa dos reagentes e produtos em uma reação química se conservam.

(2) O oxigênio é o oxidante porque sofre redução, de acordo com a reação:

$$Fe + O_2 \rightarrow Fe_2O_3$$

Fe: (0) — oxidação → (+3)
O: (0) — redução → (–2)

Radioatividade

Questão 22

CERTOS: (3)
ERRADOS: (0), (1), (2)

(0) Do ponto de vista de segurança não é aconselhável a utilização do urânio substituindo as outras fontes de energia, pois trata-se de um elemento radioativo que requer cuidados e equipamentos sofisticados para o seu manuseio.

(1) Pelo enunciado, como se trata da queima de cada tipo de combustível, portanto, são exemplos de reações exotérmicas.

(2) A fissão do urânio é uma **Reação Nuclear.**
Fissão Nuclear = quebra de núcleos.
Fusão Nuclear = união de núcleos.

Questão 23

CERTOS: (0), (1)
ERRADOS: (2)

(2) O leite de vaca proveniente de uma área contaminada por radioatividade **não deve ser ingerido**, pois o estrôncio também pode ser encontrado no leite produzido por uma vaca que se alimentou em pasto contaminado por radiação.

Questão 24

CERTOS: Não há
ERRADOS: (0), (1), (2), (3)

(0) A equação em questão é uma **Reação de Transmutação Nuclear**.
(1) X corresponde a uma partícula Beta ($_{-1}\beta^{0}$).
(2) O elemento $_{52}Te^{130}$ pertence à família do urânio.
Divide-se o número de massa por 4.
Caso o resto da divisão for:
2 — pertence à família do urânio.
3 — pertence à família do actínio.
0 — pertence à família do tório.
(3) Na fissão nuclear ocorre a divisão de um núcleo em dois núcleos menores.
Exemplo: $_{92}U^{235} + {}_{0}n^{1} \rightarrow {}_{56}Ba^{142} + {}_{36}Kr^{91} + 3\,{}_{0}n^{1}$ + energia

Questão 25

CERTOS: (1), (2), (3), (4)
ERRADOS: (0)

(0) De acordo com o texto, uma dose controlada de radiação sobre o local do tumor pode afetar apenas as células cancerosas.

Questão 26

CERTOS: (2), (3)
ERRADOS: (0), (1)

(0) A tabela I fornece evento que ocorre no núcleo do átomo, pois trata-se de uma reação nuclear.
(1) As duas reações são exotérmicas, pois ambas liberam energia.

Questão 27

CERTOS: (1), (2), (3), (4)
ERRADOS: (0)

(0) A reação acima corresponde à FISSÃO nuclear do urânio.
FISSÃO nuclear = quebra de núcleos.
FUSÃO nuclear = união de núcleos.

Questão 28

O elemento decai segundo o esquema abaixo:

$2g \xrightarrow{P} 1g \xrightarrow{P} 1/2g \xrightarrow{P} 1/4g \xrightarrow{P} 1/8g$

(de 2g a 1/8g: 40 horas)

4P = 40 h
P = 40/4. Logo, a meia-vida do elemento será **P = 10h**.

Estrutura Atômica

Questão 29

CERTOS: (2), (3)
ERRADOS: (0), (1)

(0) Átomos de um mesmo elemento são iguais em todas as suas propriedades, seja formando substâncias simples ou combinados a outros elementos.
Exemplo do oxigênio:
O_2 ——— substância simples.
H_2O ——— combinado ao hidrogênio.

(1) Átomos de elementos diferentes possuem propriedades físicas e químicas diferentes.

Questão 30

CERTOS: (0), (2), (3)
ERRADOS: (1)

(1) A partir de 1962, foi obtido o tetrafluoreto de Xenônio (XeF_4) e outros novos compostos de gases nobres.

Questão 31

CERTOS: (2), (4)
ERRADOS: (0), (1), (3)

(0) O preenchimento eletrônico no diagrama de Linnus Pauling obedece à ordem crescente de energia.

(1) O elemento acima descrito possui 2 camadas de elétrons.

$1s^2$	$2s^2$ $2p^4$
K	L

(3) O átomo no estado fundamental possui número atômico 8, que é também o número de elétrons (soma dos expoentes = 2+2+4).

Questão 32

CERTOS: (1), (2), (3)
ERRADOS: (0), (4)

(0) Os átomos representados por A e D são isótopos, pois possuem o mesmo número atômico; logo apresentam PROPRIEDADES QUÍMICAS SEMELHANTES.

(4) Átomo no estado fundamental possui número de prótons igual ao número de elétrons; portanto, se o número de prótons é igual a 11, o número de elétrons será 11.

Classificação Periódica

Questão 33

CERTOS: (2)
ERRADOS: (0), (1), (3), (4)
(0) O dióxido de carbono (CO_2) é uma substância composta.
(1) A substância oxigênio (O_2) é alótropo do ozônio (O_3).
(3) O símbolo do argônio é Ar.
(4) O radônio (Rn) que é um gás nobre, não está representado na tabela fornecida.

Questão 34

CERTOS: (0), (2), (4), (5)
ERRADOS: (1), (3)
(1) O cálcio (Ca) possui número atômico 20.
(3) O símbolo químico do fósforo é P. F = flúor.

Questão 35

CERTOS: (2), (4)
ERRADOS: (0), (1), (3)
(0) A tabela proposta por MENDELEYEV era baseada nas propriedades QUÍMICAS dos elementos.

(1) O raio atômico dos elementos varia de acordo com o esquema 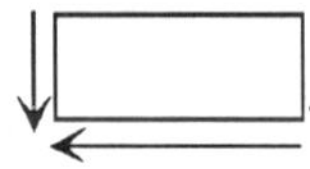.

Assim, por estarem na mesma coluna , o cálcio possui maior raio atômico que o magnésio.
(3) O cálcio (metal) e o enxofre (ametal) fazem ligação iônica, isso ocorre por transferência de elétrons.

Ligações Químicas

Questão 36

CERTOS: (1), (2), (3)
ERRADOS: (0)
(0) O fosfato de cálcio ($Ca_3(PO_4)_2$) é um composto iônico, 3 Ca^{++} + 2 $(PO_4)^{---}$.

Questão 37

CERTOS: (3)
ERRADOS: (0), (1), (2)
(0) O ácido ascórbico, composto molecular, não conduz corrente elétrica am solução aquosa.
A condução de corrente elétrica em solução aquosa é uma propriedade de composto iônico.
(1) O iodo molecular (I_2) por apresentar ligação covalente apolar, não apresenta diferença de eletronegatividade, sendo, portanto, uma molécula apolar.
(2) O iodo variou seu estado de oxidação de **zero** (I_2) para **-1** (HI).

Questão 38

CERTOS: (1), (2)
ERRADOS: (0), (3)
(0) O símbolo químico do estrôncio é **Sr.**
(3) Os metais alcalinos terrosos estão situados na família 2A da Tabela Periódica.
2A = Be-Mg-Ca-Sr-Ba-Ra (Alcalinos Terrosos)
1A = Li-Na-K-Rb-Cs-Fr (Alcalinos).

Questão 39

CERTOS: (0), (1), (2)
ERRADOS: (3)
(3) A **transferência** de elétrons ocorre nos compostos **iônicos**. No HCl, composto covalente, ocorre **compartilhamento** de elétrons.

Questão 40

CERTOS: (3)
ERRADOS: (0), (1), (2)
(0) É mais aconselhável utilizar uma solução aquosa contendo sal de cozinha (NaCl), pois, sendo um composto iônico, o sal de cozinha conduz corrente elétrica em tal situação. O açúcar comum ($C_{12}H_{22}O_{11}$), sendo um composto covalente, não conduz corrente elétrica em solução aquosa.
(1) O sal de cozinha ou o açúcar comum dissolvidos em qualquer proporção (grandes quantidades) formará uma solução supersaturada, sendo que o excesso que não se dissolveu formará o corpo de fundo e, nessa situação, teremos um sistema difásico.
(2) O açúcar ($C_{12}H_{22}O_{11}$) por ser constituído por não-metais, apresenta ligação covalente entre seus átomos.

Questão 41

CERTOS: (1), (3)
ERRADOS: (0), (2)
(0) O cloreto de sódio (NaCl) é quimicamente classificado como um sal.
(2) A ligação química no cloreto de sódio é feita por **transferência** de elétrons.

Questão 42

CERTOS: (0), (1), (4)
ERRADOS: (2), (3)
(2) O açúcar ($C_{12}H_{22}O_{11}$), sendo um composto molecular, não apresenta suas moléculas dissociadas; portanto não ocorre formação de íons.
(3) A água, como solvente, pode interagir com os solutos de diferentes maneiras.

Questão 43

CERTOS: (2), (3), (4)
ERRADOS: (0), (1)
(0) O_3 (ozônio) → molécula apolar
H_2O (água) → molécula polar
(1) SO_3 → Ligação Covalente polar
O_3 → Ligação Covalente apolar
CH_4 → Ligação Covalente polar
H_2O → Ligação Covalente polar

Questão 44

CERTOS: (1), (2), (3), (4)
ERRADOS: (0), (5)
(0) Transferência de elétrons ocorre em ligações iônicas
$Ca_2(PO_4)_3OH$ = Ligação iônica e covalente
NaCl = Ligação iônica
O_3 = Ligação covalente (compartilhamento de elétrons).
(5) A geometria do composto O_3 (ozônio) é angular.

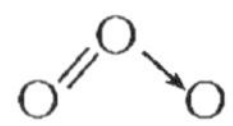

Oxidação - Redução

Questão 45

CERTOS: (0)
ERRADOS: (1), (2), (3)
(1) O estado de oxidação de substância simples (N_2) é por definição igual a ZERO.
(2) A ligação entre os átomos no tetróxido de dinitrogênio (N_2O_4) é covalente, ocorre por compartilhamento de elétrons.
(3) O Oxigênio (O) não apresenta variação de seu estado de oxidação, que é –2.

Funções Inorgânicas

Questão 46

CERTOS: (1), (2), (3)
ERRADOS: (0)
(0) O sal de cozinha (NaCl) é formado por um aglomerado de íons Na^+ e Cl^-.

Questão 47

CERTOS: (1)
ERRADOS: (0), (2), (3)
(0) O H_2SO_4 é o ácido sulfúrico.
(2) O estado de oxidação do enxofre no H_2SO_4 é +6.
(3) Solução 10^{-3}M de vinagre possui pH = 3. Solução 10^{-2}M de ácido muriático possui pH = 2; logo, o ácido muriático (HCl) é mais ácido.

Questão 48

CERTOS: (0), (1), (2), (3), (4)
ERRADOS: Não há

Questão 49

CERTOS: (1), (2), (3)
ERRADOS: (0)
(0) O sal bicarbonato de sódio ($NaHCO_3$), por causa da presença do hidrogênio em sua estrutura, é classificado como um sal ácido, devido à neutralização parcial envolvendo o ácido e a base de origem.

$$H_2CO_3 + NaOH \rightarrow NaHCO_3 + H_2O$$

Questão 50

CERTOS: (0), (1), (2)
ERRADOS: (3)
(3) A fenolftaleína na solução básica de NH_4OH adquirirá uma coloração vermelha (róseo).

Questão 51

CERTOS: (0), (1), (2), (3)
ERRADOS: Não há

Questão 52

CERTOS: (0), (1), (3), (4)
ERRADOS: (2)
(2) O composto IV é obtido da reação entre o ácido sulfúrico (H_2SO_4) e o hidróxido de magnésio ($Mg(OH)_2$)

$$H_2SO_4 + Mg(OH)_2 \rightarrow MgSO_4 + 2H_2O$$

Gases

Questão 53

CERTOS: (0), (1), (2)
ERRADOS: Não há

Questão 54

CERTOS: (0), (1), (2)
ERRADOS: Não há

Soluções

Questão 55

CERTOS: (0)
ERRADOS: (1), (2), (3), (4)
(1) Água e álcool são totalmente miscíveis, isto é, misturam-se.
(2) Quando a quantidade do soluto é grande em relação à do solvente, tem-se uma solução **CONCENTRADA**.
(3) Os gráficos de curvas de solubilidade apresentam a variação dos coeficientes de solubilidade das substâncias em função da temperatura.
(4) Soluções supersaturadas ultrapassaram o coeficiente de solubilidade.

Termoquímica

Questão 56

CERTOS: (0), (2), (3)
ERRADOS: (1)
(1) A queima do glicogênio, por ser uma reação exotérmica, apresenta entalpia dos produtos (Hp) menor que a entalpia dos reagentes (Hr).

Questão 57

CERTOS: (0), (2), (3)
ERRADOS: (1)
(1) A mudança da água de um estado a outro é uma transformação física.

Questão 58

CERTOS: (3)
ERRADOS: (0), (1), (2)

(0) A queima da glicose ocorre com liberação de energia, tratando-se, pois, de uma reação exotérmica.

(1) A glicose ($C_6H_{12}O_6$), composto covalente, não conduz corrente elétrica.

(2) Um alto índice de insulina no organismo facilitará a queima da glicose, conseqüentemente, diminuindo a quantidade desse açúcar no organismo.

Questão 59

CERTOS: (0), (2)
ERRADOS: (1)

(1) A queima dos alimentos acima descritos apresenta uma variação de entalpia menor que zero ($\Delta H < 0$), pois trata-se de uma reação exotérmica.

Eletroquímica

Questão 60

CERTOS: (0), (1), (2)
ERRADOS: (3)

(3) O mercúrio (Hg) nessa pilha sofre redução, sendo, portanto, o oxidante.

Questão 61

CERTOS: (1), (2), (3)
ERRADOS: (0)

(0) Nos eletrodos de PbO_2 ocorre redução.

Cálculos Estequiométricos

Questão 62

CERTOS: (1), (2)
ERRADOS: (0)

(0) A reação acima é de deslocamento duplo ou de dupla troca.

Questão 63

CERTOS: (0), (1)
ERRADOS: (2)
(2) De acordo com a equação fornecida (balanceada):

$\underline{1}\ N_2 \ + \ \underline{1}\ O_2 \rightarrow \underline{2}\ NO$

1 mol ———————— 2 mols

1 mol ————————2.22, 4 L , X = 44, 8 L

então, em cada mol de nitrogênio são produzidos 44, 8 litros de óxido de nitrogênio (NO) nas condições Normais de Temperatura e Pressão (CNTP).

Questão 64

Equação Química fornecida:

$NH_4HCO_3 \rightarrow CO_2 + NH_3 + H_2O$

1 mol ———————— 1 mol

79g ———————— 44g

$\frac{158.50}{100}$ ———————— X

$X = \frac{158 \cdot 0,5 \cdot 44}{79}$ X= 44g

Questão 65

CERTOS: (1), (2), (3)
ERRADOS: (0)
(0) De acordo com os dados fornecidos:

Mol(NaF) = 42g/mol

Mol(F) = 19g/mol

Mol(Na_2PO_2F) = 128g/mol

Cálculo da quantidade de flúor na pasta A.

42g(NaF) $\xrightarrow{\text{contém}}$ 19g(F)

0, 21g(NaF)________X

$X = \frac{0,12 \cdot 19}{42}$ X = 0, 095g (F)

Questão 66

CERTOS: (1), (2)
ERRADOS (0), (2)
(0) A fórmula química da substância **a** (H_2O) demonstra que dois átomos de hidrogênio se combinam com um átomo de oxigênio.
(2) A substância **d** (H_2) é uma substância simples.
Substâncias compostas = H_2O , H_2SO_4, Na_2SO_4.

Questão 67

CERTOS: (3)
ERRADOS: (0), (1), (2)
(0) A soma dos coeficientes da equação após o balanceamento é 4 (quatro).

$$1\ N_2 + 1\ O_2 \rightarrow 2\ NO$$

(1) O estado de oxidação do nitrogênio variou de **zero** (N_2) para + **2**(NO).
(2) A fórmula química do gás carbônico é CO_2.

Questão 68

CERTOS: (0), (2)
ERRADOS (1)
(1) O total de nutrientes em gramas por pote fornecido pela tabela é 35g; logo, estabelecendo uma regra de três, obteremos:

35g —fornecem— 140 Kcal
3 x 35 ——— X
X = 420 Kcal

Questão 69

Resolução:
1 mol ($C_6H_{12}O_6$) —libera— 2800 Kj
180g —libera— 2800 Kj
18g —libera— X

$$X = \frac{18 \cdot 2800}{180} = 280\ Kj$$

Considerando que 50% são utilizados pelo organismo, fica:

$$X = \frac{280 \cdot 50}{100} = 140\ Kj$$

Dividindo o resultado por 10, obteremos:

$$X = \frac{140}{10} = 14\ Kj$$

Questão 70

CERTOS: (0), (1), (2)
ERRADOS: Não há

Questão 71

Resolução:
Equação de formação da amônia (NH_3) balanceada:

$$\mathbf{1}\ N_{2(g)} + \mathbf{3}\ H_{2(g)} \rightarrow \mathbf{2}\ NH_{3(g)}$$

1 mol ——— 2 mols
2 x 14 ——— 2 x 17
140g ——— X

$$X = \frac{140 \cdot 34}{28} = 170g$$, dividindo o resultado por 10, teremos:

$$X = \frac{170}{10} = 17g$$

Questão 72

CERTOS: (1), (2)
ERRADOS: (0)
(0) O número de moléculas, 6, 02 x 10^{23}, em um mol de um gás, corresponde ao valor encontrado **somente** nas CONDIÇÕES NORMAIS DE TEMPERATURA E PRESSÃO (CNTP).

CNTP

T = O °C = 273 °K   P = 1 Atm = 776 mmHg

Questão 73

CERTOS: (0), (1), (2)
ERRADOS: (3)
(3) Os dados da tabela:

$$\begin{array}{ccc} X & + \ Y & \rightarrow Z \\ \downarrow & \downarrow & \downarrow \\ 4 & a & 20 \end{array}$$

De acordo com a lei da conservação da massa (Lei de Lavosier), em 40g de produto teremos:

$$\begin{array}{ccc} X & + \ Y & \rightarrow Z \\ \downarrow & \downarrow & \downarrow \\ 4 & 16 & —— 20 \\ & X & —— 40 \end{array}$$

$20X = 40 \cdot 16$

$$X = \frac{40 \cdot 16}{20}$$

X= 32 g

Questão 74

Se 8g de oxigênio reagem com 50g de mercúrio, para descobrirmos a massa de oxigênio necessária para reagir com 100g de mercúrio (inicial), estabelecemos a seguinte relação:

8g de oxigênio ______ 50g de mercúrio

X ______ 100g de mercúrio

$$X = \frac{8 \cdot 100}{50} = 16\text{g de oxigênio}$$

Questão 75

CERTOS: (0), (2), (3)

ERRADOS: (1)

(1) O volume de gás carbônico (CO_2) obtido nas CNTP em 6 mols (fornecido pela equação) é calculado pela relação:

1 mol ______ 22, 4 L

6 mols ______ X

x = 6 . 22, 4 x = 134, 4 litros

Questão 76

Dada a equação:

$$H_2 + O_2 \rightarrow H_2O_2$$

↓ ↓

2g ______ 22, 4 L (1mol nas CNTP)

5g ______ X

$$x = \frac{5 \cdot 22{,}4}{2} \quad X = 56 \text{ litros}$$

Cinética Química

Questão 77

CERTOS: (0), (1)

ERRADOS: (2)

(2) Catalisadores são substâncias que participam de uma reação química, sem, no entanto, serem consumidos.

Questão 78

CERTOS: (0), (1), (3)
ERRADOS: (2)
(2) Os componentes da pólvora, sendo triturados, aumentarão a superfície de contato nas reações químicas, e, dessa forma, reagirão mais rapidamente.

Equilíbrio Químico

Questão 79

CERTOS: (0), (2)
ERRADOS: (1)
(1) Em mares quentes, há pouco CO_2 dissolvido, provocando a formação de $CaCO_3$.

Questão 80

CERTOS: (0)
ERRADOS: (1), (2)
(1) Um aumento da concentração de íons fosfato $(PO_4)^{---}$ favorece a formação das "pedras nos rins".
(2) Alimentos como o leite deve ser evitado devido ao alto teor de cálcio e, quando ingerido, favorece, dessa forma, a formação das "pedras nos rins".

Questão 81

CERTOS: (0), (1), (2)
ERRADOS: (3)
(3) O aumento da temperatura em um sistema em equilíbrio favorecerá as reações endotérmicas.

Questão 82

CERTOS: (0)
ERRADOS: (1), (2)
(1) Aumentando a quantidade de um dos reagentes no equilíbrio, este se deslocará para o lado oposto, ou seja, para o lado da formação dos produtos na reação direta (o equilíbrio será deslocado para a direita).
(2) A retirada de Cl_2 diminuirá a formação de fosgênio. O equilíbrio será deslocado para o lado de onde foi retirado; no caso, para a esquerda.

Questão 83

CERTOS: (2), (3)
ERRADOS: (0), (1), (4)
(0) Calculando o pH de cada sistema, teremos:

	$[H^+]$	pH
Vinagre	10^{-3}	3
Saliva	10^{-6}	6
Clara de ovo 10^{-8}	10^{-8}	8

Como pH < 7, a substância é ácida e pH > 7 a substância é básica, então, o sistema formado pela clara de ovo é básico.

(1) Utilizando a relação: pH + pOH = 14
obteremos, 6 + pOH = 14
pOH = 14 - 6
pOH = 8

(4) Acrescentando uma gota de vinagre (pH = 3) a uma gota de saliva (pH =6), a solução se tornará mais ácida, pois ambos são ácidos (pH < 7).

Questão 84

CERTOS: (0), (2), (3), (4)
ERRADOS: (1)
(1) O aumento da pressão vai deslocar o equilíbrio no sentido da formação do menor número de mols (menor volume); portanto, para o lado da formação do ozônio (O_3).

Questão 85

CERTOS: (0), (1)
ERRADOS: (2), (3), (4)
(2) Um aumento de pressão vai deslocar o equilíbrio no sentido da formação do menor número de mols (menor volume); portanto, para a direita.
(3) O aumento de temperatura favorece as reações endotérmicas (lado esquerdo da reação). A formação da Amônia (NH_3) corresponde a reação direta (exotérmica).
(4) O estado de oxidação do Nitrogênio variou de zero (N_2) para –3 (NH_3).

Questão 86

CERTOS: (0)
ERRADOS: (1), (2)
(1) A acidez da água é diminuída quando se acrescenta íons CO_3^{2-}, pois o equilíbrio vai se deslocar no sentido contrário ao acréscimo.
(2) O acréscimo de $CO_{2(aq)}$ nos equilíbrios (1) e (2) aumentará a destruição dos peixes, pois será deslocado no sentido da formação de H^+, aumentando, dessa forma, a acidez.

Questão 87

CERTOS: (0), (1), (2)
ERRADOS: Não há

Questão 88

CERTOS: (0), (2)
ERRADOS: (1)
(1) Aumentando a concentração de hemoglobina (Hb), o equilíbrio se deslocará no sentido da formação dos produtos.

Questão 89

CERTOS: (0), (1)
ERRADOS: (2)
(2) Aumentando a pressão, será favorecida a formação dos produtos, devido à reação com o oxigênio (O_2).

Questão 90

CERTOS: (1), (2)
ERRADOS: (0), (3)
(0) Equação I $\Delta H = + 4$ Kj $\rightarrow$ ENDOTÉRMICA
Equação II $\Delta H = - 192$ Kj $\rightarrow$ EXOTÉRMICA
Equação III $\Delta H = + 91$ Kj $\rightarrow$ ENDOTÉRMICA.
(3) A equação III possui $\Delta H = + 91$ Kj para cada mol de metanol formado.

Questão 91

CERTOS: (2)
ERRADOS: (0), (1)
(0) Um aumento de temperatura em um equilíbrio favorece as reações endotérmicas. Na equação acima descrita, favorecerá a formação dos reagentes.
(1) Um aumento de temperatura favorece somente as reações endotérmicas.

Questão 92

CERTOS: (1)
ERRADOS: (0), (2)

(0) O gás com maior tendência de reagir com o hidrogênio (H_2) é o cloro (Cl_2), pois quanto maior o valor da constante de equilíbrio (Kc), mais favorecida será a formação dos produtos.

(2) A constante de equilíbrio para formação do brometo de hidrogênio é:

$$H_{2(g)} + Br_{2(g)} \rightleftharpoons 2\ HBr_{(g)}$$

$$Kc = \frac{[HBr]^2}{[H_2] \cdot [Br_2]}$$

Questão 93

CERTOS: (0), (2)
ERRADOS: (1), (3)

(1) A formação da amônia (NH_3) ocorre com liberação de calor, pois a reação é exotérmica ($\Delta H = -92$ Kj).

(3) Aumentando a pressão, o equilíbrio se desloca no sentido da formação do menor número de mols (menor volume), ou seja, para a direita.

Questão 94

CERTOS: (0), (4)
ERRADOS: (1), (2), (3)

(1) Havendo um aumento da concentração de H_2CO_3, favorecerá a dissociação e o sangue se tornará mais ácido.

(2) Mantendo-se a pressão constante, o equilíbrio não se deslocará.

(3) O sangue apresenta pH ligeiramente básico; pH > 7 é básico.

Questão 95

Como se trata de uma base, a concentração hidroxiliônica é assim obtida:

$[OH^-] = \alpha . m \qquad \alpha = 10\% = 10^{-1}$

$m = 0,0001M = 10^{-4}M$

$[OH^-] = 10^{-1} . 10^{-4}$

$[OH^-] = 10^{-5}$

O pOH é dado pela relação:

$pOH = -\text{Log}\ [OH^-]$

$pOH = -\text{Log}\ 10^{-5}$

$pOH = 5$

Como pH + pOH = 14, então:

$pH + 5 = 14$

$pH = 14 - 5$

$pH = 9$

Orgânica - Funções Orgânicas

Questão 96

CERTOS: (2), (3)
ERRADOS: (0), (1), (4)
(0) Oxidrila (OH) ligada a anel benzênico é característico da função fenol.
(1) A dopamina, por apresentar o benzeno na estrutura, é um composto aromático.
(4) Pertence à função fenolamina (fenol + amina).

Questão 97

CERTOS: (1), (2), (5)
ERRADOS: (0), (3), (4)
(0) O colesterol é um álcool.
(3) É um composto alicíclico, portanto, não aromático.
(4) Os álcoois possuem caráter ácido pouco acentuado, enquanto os ácidos carboxílicos apresentam caráter ácido muito acentuado.

Questão 98

CERTOS: (0), (4)
ERRADOS: (1), (2), (3)
(1) A cortisona possui 25 átomos de hidrogênio em sua estrutura.
(2) É um composto homocíclico insaturado.
(3) apresenta também hibridação sp^2 entre os átomos de carbono, devido à presença da dupla ligação (C=C).

Questão 99

CERTOS: (0), (2), (3)
ERRADOS: (1), (4)
(1) O THC é um composto heterocíclico insaturado.
(4) Possui 4 (quatro) átomos de carbonos primários em sua estrutura.

Questão 100

CERTOS: (0)
ERRADOS: (1), (2), (3)
(1) Existe um grupamento característico das aminas secundárias (R – N – R, com H ligado ao N)
(2) O oxigênio é o átomo mais eletronegativo na molécula de adrenalina.
(3) Existem 13 átomos de hidrogênio na molécula de adrenalina.

Questão 101

CERTOS: (1), (2)
ERRADOS: (0), (3)
(0) O ácido para-aminobenzóico é uma função mista (ácido + amina)
(3) É um composto aromático, devido à presença do benzeno.

Questão 102

CERTOS: (1)
ERRADOS: (0), (2), (3), (4)
(0) O que pode ocasionar cegueira nas pessoas, quando ingerido, é o álcool metílico (metanol, CH_3OH).
(2) Pelo ponto de ebulição do álcool etílico fornecido (78,5 °C), à temperatura ambiente, se encontra no estado líquido.
(3) O álcool adicionado à água do radiador em automóveis em países de clima frio (Europa) é o álcool metílico (metanol).
(4) Bebidas destiladas apresentam alto teor alcoólico.

Questão 103

CERTOS: (1), (2), (3)
ERRADOS: (0), (4)
(0) O nome oficial da estrutura 1 é Hidróxi-Benzeno.
(4) A estrutura 1 possui 06 (seis) átomos de carbono e a estrutura 2 possui 07 (sete) átomos de carbono.

Questão 104

CERTOS: Não há
ERRADOS: (0), (1), (2), (3), (4)
(0) Álcool secundário possui oxidrila (OH) ligada a carbono secundário.

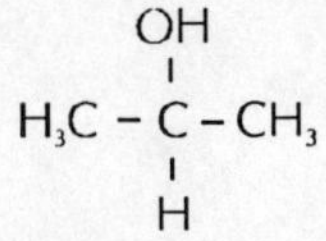

(1) O álcool utilizado como combustível no Brasil é o etanol.
(2) A matéria-prima para o formol (metanal) é o metanol (CH_3OH).

(3) O composto 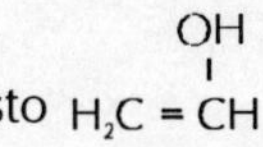 é um **enol**.

(4) O composto é um fenol.

Questão 105

CERTOS: (0), (1), (2), (3), (4)
ERRADOS: Não há

Questão 106

CERTOS: (2), (3), (4)
ERRADOS: (0), (1)
(0) Metanol → CH_3OH (fórmula molecular)
Metanal → CH_2O (fórmula molecular)

(1) 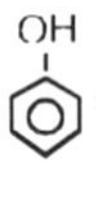 é um fenol. 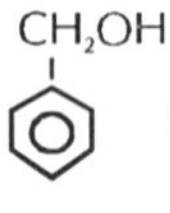 é um álcool aromático.

Questão 107

CERTOS: (0), (3), (4)
ERRADOS: (1), (2)
(1) O nome oficial da estrutura I ($H_3C - NH_2$) é metilamina.
(2) A estrutura II é uma amina secundária.

Questão 108

CERTOS: (1), (2), (3)
ERRADOS: (0), (4)
(0) A estrutura **b** é chamada de **Nitroetano**.
(4) O composto **a** é aromático, devido à presença do anel benzênico.

Questão 109

CERTOS: (0), (1), (4)
ERRADOS: (2), (3)

(2) 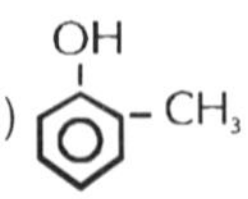 recebe o nome de 1 - Hidroxi-2-metil-Benzeno.

(3) O composto 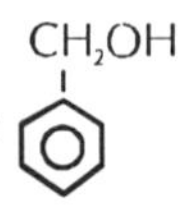 é um álcool aromático.

Orgânica - Isomeria

Questão 110

CERTOS: (0)
ERRADOS: (1), (2), (3)
(1) Alcanos de maior cadeia reta possuem maior ponto de ebulição.
(2) Os compostos descritos fornecem um exemplo de isomeria de cadeia.
(3) O catalisador $AlCl_3$ não é consumido, pois não faz parte da reação química.

Orgânica - Hidrocarbonetos

Questão 111

CERTOS: (2), (4)
ERRADOS: (0), (1), (3)
(0) O nome oficial do iso-octano é 2, 2, 4 - trimetil - pentano.
(1) O N-heptano possui cadeia alifática e saturada.
(3) O iso-octano pertence ao grupo dos alcanos.

Questão 112

CERTOS: (1), (2), (3)
ERRADOS: (0)
(0) O gás acetileno, cujo nome oficial é **Etino**, pertence ao grupo dos alcinos de fórmula geral $C_n H_{2n-2}$. Sua fórmula estrutural é $H-C\equiv C-H$.

Bibliografia Fundamentada

- ALLINGER, Norman L. - Química Orgânica - Editora Guanabara Dois - 2ª Edição, 1978.
- ARDUÍNO, Francisco - Diabetes Mellitus - Editora Guanabara Koogan - Rio de Janeiro, 1980.
- ASTASHENKOW, P.T. - Kurchatov, Hero in Science and Labour - Mir Publishers Moscow, 1981.
- BECKER, Fernando - O Que é Construtivismo?
- CARVALHO, Geraldo Camargo - Química Moderna - Editora Scipione, 1995.
- CESPE - PAS para o Ingresso na UnB - Edital nº 01/95 - PAS/UnB - CESPE.
- CHAVES, Nelson - Nutrição Básica e Aplicada - Editora Guanabara Koogan - 2ª Edição, 1985.
- CNEN, Comissão Nacional de Energia Nuclear, 1990 - Energia Nuclear e Suas Aplicações - Radiações Nucleares: Usos e Cuidados.
- CNEN, Curso *Introdução à energia Nuclear* - Brasília-DF, 1989.
- CNEN, Instituto de Radioproteção e Dosimetria - Radiações Ionizantes, 1990.
- OLIVEIRA, J. E. Dutra de - *Nutrição Básica* - Editora Sarvier - São Paulo, 1982.
- SÁ, Neide Gaudence de - Nutrição e Dietética - Livraria Nobel - 3ª Edição, 1981.
- SOUZA, Jair Albo Marques de - A Energia Nuclear para Proteção do Meio Ambiente - 1992.
- FELTRE, Ricardo. *Fundamentos de Química*, Volume único - Ed. Moderna. São Paulo. 1996
- GEPeQ - *Grupo de Pesquisa em Educação Química - Interações e Transformações I e II.*
- GOODMAN & GILMAN - *As Bases Farmacológicas da Terapêutica* - 5ª Edição - Editora Guanabara Koogan.
- KRAUSE & MAHAN - Alimentos, Nutrição e Dietoterapia - Editora Roca - 1985.
- MITCHELL - Nutrição - Editora Interamericana - 16ª Edição - 1978.
- MOREIRA, Marco Antônio - Ensino e Aprendizagem - Enfoques Teóricos.
- NÓBREGA, Fernando José da - Desnutrição - Intra-Uterina e Pós-Natal - Panamed Editorial - 2ª Edição - 1986.

- PROQUIM - *Projeto de Ensino de Química para o Segundo Grau* - Volume 1 - Campinas, 1986 - CAPES/MEC/PADCT.

- Química, Sociedade Brasileira de Química - Química Nova na Escola - Edição 1995, 1996.

- RAPAPORT, Samuel I. - *Introdução à Hematologia* - Editora Harbra - São Paulo, 1978.

- RODRIGUES, Yvon T. - *Adolescente, Esporte e Nutrição* - Livraria Atheneu - Rio de Janeiro, 1984.

- RONCA, Antonio Carlos Caruso - O modelo de Ensino de David Ausubel.

- RONCA, Paulo Afonso Caruso - A Aula Operatória e a Construção do Conhecimento - Paulo Afonso Caruso Ronca, Cleide do Amaral Terzi - São Paulo - Editora do Instituto Esplan, 1995.

- SAVIANI, Demerval - Escola e Democracia - Cortez Editora, 1988.

- SCHINDLER, Rudolf - Gastritis - Espasa, Calpe, S.A. Madrid, 1948.

- SETTINERI - Nutrição e Atividade Física - Livraria Atheneu - Rio de Janeiro, 1987.

- SGARBIERI, Valdemiro C. - Alimentação e Nutrição - Almed Editora e Livraria Ltda - São Paulo, 1987.

- SOLÁ, Jaime Espejo - Manual de Dietoterapia de Las Enfermedades del Adulto - Cuarta Edición, Libreria "El Ateneo" Editorial Rio de Janeiro, Buenos Aires, 1978.

- TITO & CANTO - Química na abordagem do cotidiano - Editora Moderna, edição 1996.

- Usberco, Salvador - Química vol. 1, 2, 3 - Editora Saraiva, 1ª Edição, 1995.

GRÁFICA
ITAMARATI
Tel.: (061) 343-1833